SÉE SCOLAIRE DEYROLLE

HISTOIRE NATURELLE

DE LA

FRANCE

4ᵉ PARTIE

REPTILES, BATRACIENS

avec 55 figures dans le texte

PAR

Albert GRANGER

MEMBRE DE LA SOCIÉTÉ LINNÉENNE DE BORDEAUX

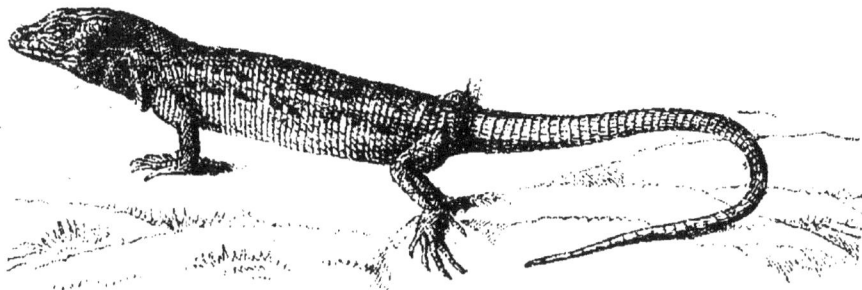

PARIS

ÉMILE DEYROLLE, NATURALISTE

46, RUE DU BAC, 46

HISTOIRE NATURELLE

DE LA

FRANCE

4e PARTIE

REPTILES, BATRACIENS

HISTOIRE NATURELLE

DE LA

FRANCE

4ᵉ PARTIE

REPTILES, BATRACIENS

avec 55 figures dans le texte

PAR

Albert GRANGER

MEMBRE DE LA SOCIÉTÉ LINNÉENNE DE BORDEAUX

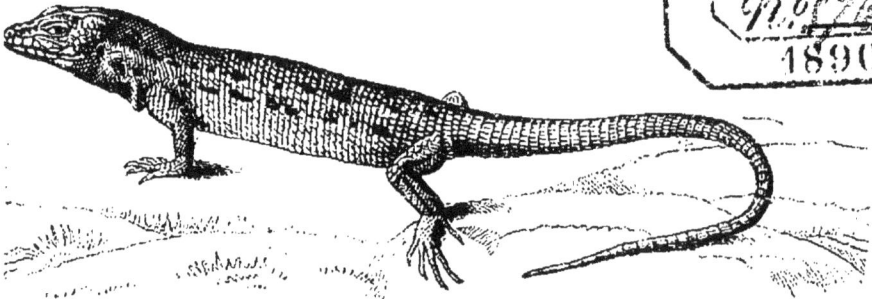

PARIS

ÉMILE DEYROLLE, NATURALISTE

46, RUE DU BAC, 46

INTRODUCTION

De toutes les classes d'animaux, la plus négligée est incontestablement celle des *Reptiles*, et les amateurs d'histoire naturelle n'ont, en général, aucun penchant pour cette étude cependant si intéressante. D'une part, les légendes dues à l'imagination populaire, les préjugés encore si nombreux sur ces êtres le plus souvent inoffensifs, et, d'autre part, la répulsion naturelle que l'homme ressent à la vue des Reptiles sont les causes de l'abandon d'une étude qui rencontre si peu d'adeptes parmi les naturalistes.

Nous avons cherché dans ce volume à faire mieux connaître les mœurs de cette classe d'animaux, à les réhabiliter dans l'opinion publique et, en indiquant les services qu'ils rendent souvent à l'agriculture, à sauver ces pauvres deshérités de l'exécration générale à laquelle ils sont voués depuis trop longtemps.

Si nous réussissons à inspirer aux débutants le goût de l'étude des Reptiles en divulguant leurs mœurs si intéressantes et si peu connues, nous aurons complètement atteint le but que nous nous proposons dans ce volume.

A. G.

GÉNÉRALITÉS

L'étude des Reptiles ou *Herpétologie* embrasse une classe particulière d'animaux vertébrés établissant une transition naturelle entre les Oiseaux et les Poissons et dont les débris que renferment toutes les couches du globe attestent l'antique origine.

Les *Reptiles* et les *Batraciens*, confondus sous le nom général de Reptiles, sont des vertébrés à sang froid, à circulation plus ou moins incomplète, et pourvus généralement de poumons chez l'adulte. Des caractères essentiels séparent cependant ces animaux : les Reptiles sont enveloppés d'écailles, en totalité ou en partie, et ont une respiration pulmonaire, tandis que les Batraciens sont recouverts d'une peau nue et sont munis de branchies durant le premier âge. Enfin les Batraciens diffèrent des Reptiles par les métamorphoses qu'ils subissent et ont, à leur naissance, une forme bien différente de celle qu'ils devront revêtir dans l'âge adulte.

Locomotion. — Certains Reptiles, les Serpents, se meuvent en rampant et en s'aidant de leurs écailles

ventrales qui adhèrent au sol. Les Tortues terrestres
semblent ramper sur leurs pattes relativement courtes
qui maintiennent le corps dans une position peu élevée
au-dessus du sol et ne servent qu'à le pousser en avant.
Les Lézards ont des doigts déliés et garnis d'ongles
acérés qui leur permettent de grimper avec agilité et
de s'accrocher aux moindres aspérités des murs, des
rochers et des arbres. Enfin, chez les Batraciens, la
locomotion se fait principalement par sauts sur la terre
ferme ; lorsqu'ils sont dans l'eau ils nagent par l'extension brusque de leurs pattes de derrière souvent largement palmées.

Reproduction. — Le mode de développement des
Reptiles offre une grande ressemblance avec celui des
Oiseaux : tous les Reptiles sont *ovipares*, c'est-à-dire
émanent d'œufs. Chez les Tortues ces œufs sont protégés
par une coquille calcaire ; ils sont enveloppés dans une
membrane parcheminée et coriace chez les Sauriens et
les Serpents. Les œufs des Batraciens sont petits, gélatineux et englobés dans une épaisse mucosité. Enfin
l'œuf des Vipères et de quelques Lézards subit son
développement complet dans l'oviducte maternel, et,
dans ce cas, le petit naît vivant : on donne à ces animaux
le nom d'*ovovivipares*.

En général les Reptiles ne couvent pas et abandonnent au hasard l'éclosion de leurs œufs.

Mue. — Presque tous les Reptiles et les Batraciens
sont sujets à la mue. Tous les ans ils quittent leur peau
pour revêtir une nouvelle livrée. Les *Ophidiens* ou serpents sortent de leur peau comme d'un fourreau ; les
Batraciens se débarrassent de leurs vieilles dépouilles

au moyen de mouvements rapides et saccadés.

Habitat. — Nous avons dit que les Reptiles étaient des vertébrés à sang froid ou plutôt à température variable. La basse température de leur corps les oblige à rechercher les climats chauds et humides ; c'est ce qui explique leur rareté en Europe et leur grande abondance dans les régions tropicales et intertropicales. Les serpents les plus grands et les plus venimeux se rencontrent dans les grandes forêts du Brésil et des Guyanes, sous les chaudes latitudes de l'Asie, de l'Afrique et de la Malaisie.

Hibernation. — Les Reptiles et les Batraciens, en raison de la basse température de leur corps, subissent pendant l'hiver un engourdissement, sorte de léthargie semblable au sommeil hibernal de certains mammifères (les Marmottes, les Loirs, etc.). Les uns se retirent sous des amas de feuilles, sous les pierres, dans des trous, dans des fentes de rochers, les autres dans la vase, d'autres enfin au fond des eaux. Mais cette léthargie n'est pas toujours complète et, lorsqu'on les expose à une chaleur un peu vive, ils reprennent leur agilité. Certains Reptiles peuvent être congelés au point de devenir rigides et revenir ensuite à la vie.

Utilité des Reptiles. — « Les Reptiles, a dit Auguste Duméril, sont les animaux qui inspirent d'ordinaire le plus de répulsion, je dirai même le plus d'effroi. Il faut bien reconnaître aussi que la sensation de froid éprouvée par la main qui touche les animaux de ce groupe ajoute à cette sorte d'horreur instinctive née du contact des Crapauds, des Grenouilles, des Lézards ou des Couleuvres. » Si cependant on prend la peine d'étudier les mœurs et les habitudes des Reptiles, on reconnait facilement que beaucoup d'entre eux sont des auxiliaires précieux pour l'homme, qui, au lieu de les tuer sans pitié et sans discernement, devrait utiliser leurs instincts carnassiers pour la destruction des animaux nuisibles qui ravagent nos cultures : les mulots, les limaces, les vers blancs, les chenilles, les courtillières, etc...

Les Reptiles sont, comme le Hérisson parmi les Mammifères, les protecteurs naturels de nos champs et nous ne les récompensons que par notre ingratitude.

CLASSIFICATION

La classification rationnelle des Reptiles ne date que du siècle dernier. Ces animaux n'étaient pas encore bien connus du temps de Linné, qui les avait placés dans son ordre des *Amphibies* en confondant avec eux quelques genres de Poissons.

Il suffira, en effet, de jeter un coup d'œil sur les figures des divers ordres de ces vertébrés pour remarquer combien les formes des Reptiles sont variables et quelles difficultés présentait une classification naturelle.

« On peut bien ramener les Reptiles, a dit M. Lataste (1), à trois principaux types et les diviser en :

1° Quadrupèdes à corps ramassé (Tortues, Grenouilles).

2° Quadrupèdes à corps allongé et à queue effilée (Lézards, Salamandres).

(1) Lataste, *Essai d'une Faune herpétologique de la Gironde.*

3° Serpents, à corps cylindrique, allongé, flexible et sans membres. »

Alex. Brongniart est le premier naturaliste qui publia en 1799 et 1805 un essai de classification naturelle des Reptiles qu'il divisa en :

Chéloniens. — Ayant des membres, des paupières, une carapace.

Sauriens. — Ayant des membres, des paupières, le corps couvert d'écailles.

Ophidiens. — Pas de membres, pas de paupières, le corps couvert d'écailles.

Batraciens. — Ayant des membres, des paupières, et la peau nue.

Duméril et Bibron (1) ont suivi cette classification qui est encore adoptée aujourd'hui.

Divers auteurs, tenant compte des métamorphoses auxquelles sont soumis les Batraciens, ont fait de ces animaux une nouvelle classe. Nous avons cru, en raison des nombreux rapports qui existent entre ces groupes d'animaux, devoir adopter dans cet ouvrage la classification de Fatio (2) :

REPTILES PROPREMENT DITS
{ *Chéloniens* (Tortues).
{ *Sauriens* (Lézards).
{ *Ophidiens* (Serpents).

BATRACIENS.............
{ *Anoures* (Crapauds, Grenouilles).
{ *Urodèles* (Salamandres, Tritons).
{ *Péromèles*.

L'ordre des *Péromèles* ne comprend que des espèces exotiques.

(1) DUMÉRIL et BIBRON, *Herpétologie générale* ou Histoire naturelle complète des Reptiles.

(2) FATIO, *Faune des Vertébrés de la Suisse*.

Principaux ouvrages d'Herpétologie utiles à consulter

L'Herpétologie étant la branche de l'histoire naturelle la plus négligée, il résulte de cet abandon que les
ouvrages spéciaux sont plus rares dans cette branche
que dans les autres. Les naturalistes débutants qui ont
à leur disposition des bibliothèques publiques ou
privées y trouvent rarement des ouvrages pouvant
faciliter leurs études sur les Reptiles.

Nous donnons ici la liste des meilleurs ouvrages sur
l'Herpétologie, ainsi que l'indication des *Faunes locales*,
malheureusement trop rares et qui sont si utiles à
consulter (1) :

Brehm. Merveilles de la nature : Les Reptiles et les Batraciens,
  par E. Sauvage.
Chenu. Encyclopédie d'histoire naturelle : Reptiles et Poissons.
Cuvier. Le Règne animal.
Daubenton. Les Animaux quadrupèdes ovipares et les Serpents.
Daudin. Histoire naturelle des Rainettes, des Grenouilles et des
  Crapauds.
Daudin. Histoire naturelle générale et particulière des Reptiles.
Duméril et Bibron. Herpétologie générale ou histoire naturelle com-
  plète des Reptiles.
Fatio. Faune des Vertébrés de la Suisse. Tome III. Reptiles et
  Batraciens.
Gervais (P.). Reptiles vivants et fossiles.
Lacépède. Histoire naturelle des quadrupèdes ovipares, Serpents,
  Poissons et Cétacés.
Latreille et *Sonnini*. Histoire naturelle des Reptiles. (Petite édition
  du Buffon de Déterville.)

(1) La maison Deyrolle, naturaliste, rue du Bac, 46, à Paris, se
charge de procurer tous ceux de ces ouvrages qui ne sont pas
épuisés.

Faunes locales

Beltrémieux. Faune du département de la Charente-Inférieure.

Bert (Paul). Catalogue méthodique des animaux vertébrés qui vivent à l'état sauvage dans le département de l'Yonne.

Colin de Plancy. Catalogue des Reptiles et Batraciens du département de l'Aube.

Lataste (1). Essai d'une Faune herpétologique de la Gironde.

Lesson. Catalogue d'une faune du département de la Charente-Inférieure.

Mauduyt. Herpétologie de la Vienne.

Millet. Faune de Maine-et-Loire.

Tremeau de Rochebrune. Catalogue d'une partie des animaux vivant dans le département de la Charente.

Ogérien. Histoire naturelle du Jura et des départements voisins. Tome III. Zoologie vivante.

Viaud-Grand-Marais. Etude sur les Serpents de la Vendée et de la Loire-Inférieure.

RECHERCHE DES REPTILES ET DES BATRACIENS

Les naturalistes qui veulent se livrer à l'étude de l'Herpétologie rencontrent plus de difficultés pour se procurer des sujets d'étude que ceux qui s'occupent de toute autre branche de l'histoire naturelle. Il est toujours facile, en effet, d'acheter à vil prix des Mollusques aux pêcheurs de notre littoral ou d'obtenir des chasseurs les Oiseaux rares qu'ils tuent accidentellement, mais il est bien difficile de demander, même à un ami,

(1) Nous avons puisé dans cet ouvrage un grand nombre de renseignements persuadé que notre excellent ami M. Lataste nous pardonnera ces emprunts. Connaissant son expérience en Herpétologie, nous ne pouvions choisir un meilleur guide.

de surmonter ses répugnances pour vous procurer des Reptiles.

L'Herpétologue ne peut donc compter que sur ses recherches personnelles, et c'est dans le but de faciliter ces recherches que nous avons réuni dans ce chapitre tous les renseignements qui permettront à chacun d'utiliser les ressources de la région qu'il habite.

Reptiles. — La recherche de ces animaux exige des procédés différents selon l'ordre auquel ils appartiennent.

Chéloniens (Tortues). — Les Tortues sont terrestres, aquatiques ou marines. Elles sont rares en France, où on peut toutefois se procurer une espèce aquatique : la *Cistude d'Europe*. Elle habite le Midi et le Sud-Ouest de la France et remonte jusqu'à la Charente-Inférieure et dans l'Allier.

C'est dans les marais peu profonds et dans les étangs, où elle se tient enfoncée dans la vase, qu'il faut la rechercher. Engourdie pendant l'hiver, elle reparaît vers le milieu du mois d'avril. On peut alors la prendre au moyen du troubleau. Mais on la rencontre plus souvent à terre, toujours à peu de distance des fossés et des mares. Il est intéressant de recueillir ses œufs qui sont allongés et à coquille calcaire.

Cette Tortue peut être facilement conservée vivante, n'étant pas difficile sur le choix des aliments ; on pourra ainsi étudier ses mœurs.

Sauriens. — Les lieux habités par ces animaux sont très variables : ils vivent dans l'eau, dans les terrains arides, dans les prairies herbeuses, au milieu des rochers ou même sur les arbres.

Les *Lacertiens* (Lézards) sont nombreux en France, surtout dans le Midi. Très vifs et très agiles, ils échappent facilement au chasseur, mais lorsque le terrain sur lequel on les poursuit n'offre aucun abri, ils sont vite forcés et se laissent capturer. On peut employer pour les recouvrir un petit troubleau ou un filet à papillons garni d'une gaze résistante ; on les saisit alors avec une pince pour les placer dans la boîte de chasse. Ils mordent vigoureusement et ne lâchent pas prise, mais comme ils ne sont pas venimeux, on ne doit pas s'inquiéter de ces morsures. La queue des Lézards étant très fragile, il faut les prendre avec soin pour ne pas les briser en les capturant.

C'est principalement sur les vieux murs, dans les terrains secs et au bord des chemins que l'on rencontrera le *Lézard gris* ou *Lézard des murailles*. « On trouve fréquemment ses œufs que l'on peut faire développer en les plaçant dans un pot de fleur, sur la terre, les recouvrant de quelques pierres et les arrosant quand la terre est desséchée par le soleil. » (Lataste.)

Les *Lézards verts* et *Ocellés* se rencontrent surtout dans le Midi de la France. Leurs dents acérées pouvant faire une blessure désagréable, il est préférable, pour s'en emparer, de se servir d'un pistolet Flobert chargé à petit plomb ; en ne les visant pas de trop près on les tue sans les endommager.

Dans nos départements méridionaux on trouve également le *Seps chalcide* que l'on peut capturer au moyen d'un troubleau comme les petits Lézards. Il est inoffensif et recherche les prairies herbeuses à une exposition chaude.

L'Orvet, qui cause une certaine répugnance par sa forme semblable à celle des serpents, est très commun en France et peut être manié sans danger. On le rencontre partout : sous les pierres, dans les prairies ou sur les coteaux. Mais sa capture exige de grandes précautions, sa queue se rompt facilement et cette fragilité a fait donner à ce reptile le nom vulgaire de *Serpent de verre*.

Les *Geckotiens*, peu communs en France, n'habitent que la région littorale de la Méditerranée. Le *Platydactile des murailles* et l'*Hémydactyle verruculeux* vivent dans les rochers, dans les pierres éboulées et même dans les habitations. On peut les prendre sans danger ; ce sont des animaux complètement inoffensifs.

Ophidiens (Serpents). Si la recherche des Chéloniens et des Sauriens est sans danger pour le naturaliste, il n'en est pas de même pour la recherche des Ophidiens, et la chasse de ces reptiles exige la plus grande circonspection. Avant de saisir un Serpent, il est prudent de reconnaître d'abord l'espèce à laquelle il appartient ; car une méprise peut avoir des conséquences funestes. Nous n'en citerons qu'un exemple : un herpétologiste expérimenté, Duméril, qui avait consacré toute sa vie à l'étude des Reptiles, commit une erreur dans une excursion dans la forêt de Sénart et saisit avec la main une *Vipère Péliade* croyant avoir affaire à une *Couleuvre Vipérine ;* il reçut une morsure qui mit sa vie en danger pendant plusieurs jours.

Il est reconnu que les caractères distinctifs extérieurs entre les serpents non venimeux et ceux qui le sont ne sont pas toujours très nets, et que les naturalistes les plus expérimentés peuvent s'y tromper. Généralement les epèces dangereuses ont le corps court, la queue courte, un cou très court, une tête triangulaire très large en arrière; cette dernière partie du corps est celle qui offre des différences vraiment sensibles avec les espèces non venimeuses. Mais les serpents ne se présentent pas toujours au chasseur de façon à être bien examinés. Dissimulés dans les broussailles ou sous les pierres, ils ne peuvent être reconnus qu'imparfaitement, et c'est dans ce cas qu'il importe d'opérer avec circonspection et ne pas s'exposer à une erreur qui pourrait avoir des conséquences graves. On doit, avant tout, se bien persuader que saisir un serpent sans avoir pu établir son identité n'est pas une preuve de courage, mais un acte d'imprudence et de témérité.

Les Serpents subissent pendant l'hiver une léthargie dont ils ne sortent qu'au printemps, aux premières ardeurs du soleil. Les uns vivent dans les endroits humides et dans le voisinage des eaux, les autres dans les localités arides ou sèches, dans les landes, dans les clairières des bois. Les Vipères se tapissent au pied des broussailles, au milieu des touffes d'herbes desséchées et recherchent les terrains recouverts de bruyère et de genêts. Les Couleuvres se plaisent dans les prairies herbeuses. Elles sont presque toutes diurnes; par contre, presque tous les serpents venimeux sont essentiellement nocturnes.

« C'est au printemps, vers dix heures du matin, sur les coteaux rocailleux et boisés exposés au Sud-Est que l'on pourra chasser ces animaux avec le plus de succès; ils viennent s'imprégner de la chaleur solaire à l'entrée des trous où ils ont passé l'hiver. Jamais aucun des nombreux serpents dont je me suis emparé n'a essayé de me tenir tête, si ce n'est quand, les ayant rencontrés dans une plaine, je me suis amusé à leur barrer le chemin. Alors, dès qu'ils voient que la retraite leur est impossible, ils s'enroulent en spirales, ayant toujours les yeux fixés sur vous, font entendre leur sifflement plus ou moins aigu, mais toujours assez faible, et s'élancent sur les objets que vous leur présentez. Le *Zaménis vert-jaune* mord énergiquement et à plusieurs reprises ; le *Tropidonote à collier* se contente de donner des coups de museau sans ouvrir la geule. Le *Tropidonote Vipérin* élargit parfois sa tête en arrière, ce qui le fait prendre pour une Vipère, mais il n'essaie même pas de mordre la main qui le saisit. » (Lataste.)

Les *Tropidonotes* (Couleuvres), très communs en France, recherchent le voisinage des eaux, les bords des fossés, les bois humides. Le *Tropidonote à collier* est le plus connu de tous nos Ophidiens ; les pêcheurs le trouvent quelquefois dans leurs verveux. Il faut le rechercher au commencement du printemps sur les pentes bien exposées au soleil, au bord des mares et dans les prairies souvent inondées. On peut le prendre avec la main sans danger. Il se retire l'hiver dans les étables. Ses œufs, qu'il dépose dans les fumiers et dont l'enveloppe est molle et parcheminée, sont intéressants à recueillir.

Le *Tropidonote Vipérin*, redouté à tort, à cause de sa ressemblance avec la Vipère, est cependant inoffensif. On peut le distinguer facilement de la Vipère à ses formes plus sveltes, aux grandes plaques qui revêtent sa tête, aux taches en forme de damier qui ornent le ventre. Tandis que la *Vipère Aspic* recherche les endroits secs et arides, le *Tropidonote Vipérin* habite toujours les endroits humides et marécageux, les mares remplies de nénuphars et de plantes aquatiques. Il est assez difficile à trouver puisqu'il est essentiellement aquatique et qu'on ne le rencontre qu'accidentellement dans les champs, au bord des fossés.

« On pourra le chasser au fusil avec du petit plomb, mais outre le risque de lui briser la tête, on en perdra beaucoup de blessés ou même de morts que l'on ne pourra retrouver au fond de l'eau. Il sera préférable d'installer dans la mare, par une chaude journée, une ligne de fond amorcée avec des vers. La Vipérine s'y prend très bien. Des pêcheurs en ont même pris à la ligne volante. » (Lataste.)

La *Coronelle Bordelaise* ne se rencontre que dans le Midi de la France ; elle ne remonte guère plus haut que la Charente-Inférieure. Peu commune, elle recherche les endroits secs et rocailleux et même les vieilles murailles. Elle est complètement inoffensive.

L'*Elaphis* ou *Couleuvre d'Esculape* se tient de préférence dans les endroits rocheux et couverts de broussailles. On peut la trouver à Fontainebleau, au milieu des buissons, dans les terrains les plus pierreux, et les plus arides. Elle recherche les troncs d'arbres et les branches autour desquelles elle peut s'enrouler.

Le *Zaménis vert-jaune* est une belle couleuvre qui habite presque exclusivement le Midi de la France. Il recherche les lieux secs et rocailleux et grimpe sur les buissons et même sur les arbres. Sa grande taille (120 à

140 centimètres), sa vigueur et son naturel irascible le rendent difficile à capturer. « A moins qu'il ne soit très jeune, dit Lataste, je ne m'en empare jamais qu'après lui avoir désarticulé les reins à l'aide d'un coup de badine, car il se défend énergiquement et mort avec rage. Sa morsure, il est vrai, n'est pas dangereuse. »

Les *Vipères* sont les seuls reptiles dangereux qui vivent en France. La *Vipère aspic* et la *Vipère Péliade*, espèce très voisine et dont la coloration est très variable, ne sont malheureusement que trop communes en France. Certains départements ont le triste privilège d'en posséder un grand nombre, principalement ceux de la Côte-d'Or, des Deux-Sèvres, de la Vendée et de Seine-et-Marne, où on les trouve dans la forêt de Fontainebleau, principalement dans les gorges d'Apremont.

Les Vipères commencent à sortir dans le courant du mois de mars; elles recherchent les endroits chauds, rocailleux et couverts de broussailles. Quoique nocturnes, elles aiment à se réchauffer au soleil et demeurent enroulées et immobiles sur les pierres ou sous les buissons.

« Quand on désirera s'en procurer, il faudra s'informer auprès des gens de la campagne des localités qui passent pour en être infectées, et s'y rendre, la jambe et le pied protégés par une bonne paire de bottes ou de guêtres qui empêcheront les crochets à venin d'atteindre la chair, ou du moins arrêteront le venin au passage. On s'armera d'une canne, d'un flacon d'alcali et d'une lancette en cas d'accident et l'on emportera un sac en cuir ou tout autre ustensile destiné à recevoir le produit de la chasse. Quand on apercevra une Vipère, on mettra le pied dessus et on la saisira par l'extrémité de la queue, ou bien, appuyant la canne sur son corps, on la fera rouler jusque sur la nuque et l'on pourra prendre sans danger le reptile par le cou, près de la tête. Cette dernière méthode est préférable, car, quoique la Vipère suspendue par la queue ne puisse remonter jusqu'à la main qui la supporte, un faux mouvement pourrait la rapprocher du corps. On pourra aussi saisir l'animal avec de grandes pinces plutôt qu'avec les doigts. Il sera plus facile avec elles de le faire entrer dans le sac ou dans le vase qui devra le contenir. » (Lataste.)

Si, malgré toutes les précautions prises, on vient à être mordu par une Vipère, voici comment on doit procéder :

« La première chose à faire, c'est de rechercher les deux petits points rouges par lesquels se sont introduits les crochets, de débrider ces petites plaies avec un canif et de les sucer, à moins que l'on n'ait quelque blessure aux lèvres ou à la bouche. On pourra aussi les laver avec soin si l'on a une mare ou un ruisseau à portée. Enfin la cautérisation à l'aide de la pierre infernale, d'un alcali, d'un charbon ardent, ou même d'une pincée de poudre enflammée termineront le traitement. Une ligature au-dessus du point blessé, pour interrompre ou, du moins, ralentir la circulation et la diffusion du poison dans l'économie, pourra n'être pas inutile. On pourra encore prendre à l'intérieur un verre d'une boisson alcoolique pour combattre les défaillances et stimuler la circulation. Je crois que par un traitement immédiat et rationnel, comme celui que

je viens d'indiquer, on peut annuler, ou à peu près,
tout résultat fâcheux. Quant aux procédés plus ou
moins absurdes qui ont été préconisés dans le même
but, il me paraît inutile de les rappeller ici. » (Lataste.)

On a recommandé depuis quelques années un traitement contre la morsure des serpents par le *permanganate
de potasse*. M. de Lacerda a obtenu de nombreuses cures
par l'emploi de ce remède; mais il est encore imparfaitement connu, peut-être dangereux et a besoin
d'être soumis à plusieurs expériences.

Batraciens. — Les Batraciens ne sont nullement dangereux et nous devons prémunir les débutants
contre les préjugés relatifs au prétendu *venin* de ces
animaux. Nous donnons dans la partie de ce volume
qui traite des Batraciens tous les renseignements nécessaires à établir leur complète innocuité. Le naturaliste n'a rien à redouter de leur venin dont l'action n'est
dangereuuse que pour les petits animaux. La seule
précaution que doit prendre le chasseur consiste à éviter, lorsqu'on capture des Batraciens, de porter ensuite
les doigts aux paupières; il est toujours prudent, au
retour d'une excursion, de se laver les mains dans de
l'eau vinaigrée ou phéniquée.

La chasse des Batraciens peut se faire par divers
procédés: on se sert d'un troubleau à mailles fines
pour les capturer dans l'eau ou dans les prés et autres
endroits humides qu'ils fréquentent; dans ce dernier
cas on les recouvre avec le troubleau et on les saisit avec
la main. Si on éprouve quelque répugnance, on peut
revêtir la main d'un gant de peau et employer des pinces pour saisir l'animal. On les prend aussi à la ligne,

amorcée d'un objet quelconque : d'une mouche, d'une
sauterelle, ou, de préférence, d'un morceau de drap
rouge, afin qu'ils le voient de plus loin. La peau même
d'une Grenouille est un excellent appât pour attirer les
autres. Enfin on les chasse aussi à l'arbalète ou avec
une lance dont on peut approcher la pointe à quelques
centimètres de leurs corps, ces animaux étant peu mé-
fiants.

Quand on a capturé des Batraciens, on les emporte
soit dans un flacon rempli d'eau, soit dans un sac, ou,
de préférence, dans une boîte de chasse où on les dépose
dans de la mousse ou de l'herbe humide.

La meilleure saison pour la chasse des Batraciens est
le printemps. A partir du mois de mars et d'avril on
les trouve dans les étangs, dans les mares, les fossés,
les prés humides, les bois ombragés, les fentes des
vieux murs, sur les arbustes, etc... Beaucoup d'espèces
se cachent pendant le jour et ne sortent que le soir.

Lorsqu'on chasse dans des eaux stagnantes, on peut
capturer non seulement des sujets des deux sexes,
mais en même temps les jeunes ou *têtards* dans leurs
différentes phases de développement. Les têtards des
Batraciens sont très intéressants à observer et on peut
se livrer, au moyen d'un aquarium, à cette étude qui
présentera beaucoup plus d'attrait que celle de vul-
gaires Poissons rouges.

Batraciens anoures. Ces Batraciens vivent dans des
conditions très variables. Les *Rainettes* se tiennent pendant le jour sur les arbustes où elles demeurent immobiles sur les feuilles ; à la fin de l'automne elles rega-
gnent l'eau. Elles sont faciles à capturer la nuit, à

l'aide d'un petit troubleau, dans les murs où leur chant décèle leur présence.

Les *Grenouilles vertes* sont aquatiques; elles se prennent ordinairement à la ligne.

La *Grenouille agile* se trouve en abondance dans les prairies et les bois humides, en compagnie de la *Grenouille rousse*.

Les *Pelodytes* doivent être recherchés, pendant les belles nuits d'été, au pied des murs ou le long des petits ruisseaux.

Les *Alytes*, très communs en France, vivent en colonies dans les vieilles carrières, dans les talus ou le long des murailles qui bordent les chemins. On peut en recueillir un grand nombre en les cherchant le soir avec une lanterne dans les lieux où ils chantent.

Les *Pelobates* habitent les dunes de notre littoral, où ils restent enfouis tout le jour dans les sables pour ne sortir qu'à la nuit.

Le *Sonneur igné* fréquente les eaux stagnantes ou croupissantes de peu de profondeur.

Les *Crapauds* ne sortent guère que le soir ou quand le temps est doux et pluvieux. Ils se creusent des trous peu profonds, ou s'emparent de la galerie d'un mulot ou d'une taupe. On les trouve aussi sous les pierres, sous les tas d'immondices, dans le voisinage des fumiers.

Le *Crapaud calamite* est presque exclusivement nocturne. Dans le nord de la France, il est commun dans les dunes où il s'enfouit dans le sable.

Batraciens urodèles. — Ces animaux sont aquatiques et terrestres. On les trouve dans les milieux les plus variés, mais le choix des sujets est important pour le naturaliste : on sait que ces Batraciens subissent des mues fréquentes et qu'ils ont la faculté de refaire certaines parties de leur corps qu'ils ont perdues ; il faut autant que possible ne choisir que des sujets ne présentant aucun de ces cas accidentels.

Les *Salamandres* doivent être recherchées dans les vieilles carrières, sous les pierres, dans les bois où elles s'abritent pendant le jour entre les racines.

Les *Tritons marbrés* se rencontrent surtout au mois de mars dans les fontaines, les fossés, les réservoirs d'eau pluviale. Durant le reste de l'année on les trouve, en compagnie des Salamandres, dans les lieux humides et obscurs, dans les décombres, sous les pierres et les vieilles souches.

Le *Triton palmé*, commun aux environs de Paris, habite les eaux courantes ou croupissantes.

PRÉPARATION ET CONSERVATION DES REPTILES
ET DES BATRACIENS

Au retour d'une excursion, le premier soin du naturaliste doit être de tuer les animaux qu'il a capturés. Pour cette opération on emploie généralement de l'éther ou de l'alcool ; l'éther est préférable parce qu'il agit d'une manière plus rapide. Pour augmenter son action délétère on y ajoute de l'arsenic.

La préparation des Reptiles, de même que la chasse de ces animaux, diffère selon l'ordre auquel ils appartiennent. On emploie deux procédés pour leur préparation :

1° Conservation par voie humide.

2° Empaillage.

Les Tortues et les grands serpents ne peuvent être conservés que par ce dernier procédé.

Conservation par voie humide. — Les Reptiles se prêtant mal à l'empaillage, on préfère généralement les conserver par voie humide.

On commence par laver soigneusement les sujets dans l'eau et par extraire les objets volumineux qu'ils peuvent avoir dans les intestins, ce qu'on reconnaît à un bourrelet plus ou moins gros formé par les corps étrangers qu'ils ont avalés. Les Serpents, principalement, grâce à l'élasticité de leurs mâchoires, avalent des animaux souvent très volumineux. Dans ce cas, on saisit le serpent par la queue et on le tient suspendu la tête en bas; avec la main gauche on presse au-dessus de la grosseur et on la fait descendre lentement vers la gueule où elle s'arrête le plus souvent. Alors on place le serpent sur une table et à l'aide d'un crochet introduit dans la gorge on extrait l'objet qu'il avait avalé. Pour les Batraciens, il suffit de distendre les mâchoires et à l'aide du crochet on opère comme nous venons de l'indiquer.

On place ensuite les Reptiles dans des flacons remplis d'alcool réduit avec de l'eau distillée jusqu'à ce qu'il ne pèse plus que 40 à 45 degrés centigrades.

« Le liquide plus concentré, dit M. Lataste, les momifierait et les rendrait méconnaissables ; du reste, il agit rapidement à travers leur peau nue. Après un certain temps de séjour dans les flacons, un animal s'est parfaitement imprégné de la liqueur préservatrice et il peut se conserver indéfiniment sans altération. Mais, dans les débuts, il aura fallu plusieurs fois changer ou filtrer son bain. Pour les Reptiles écailleux j'emploie de l'alcool de 80 à 90 degrés centigrades. Autant que possible je plonge l'animal vivant dans la liqueur, afin qu'il s'en imbibe mieux. S'il est trouvé ou m'est apporté déjà mort', j'ai soin de lui ouvrir proprement le ventre sur une certaine longueur, afin que l'alcool puisse assez vite imprégner ses chairs. Sans cette précaution, la corruption étant très rapide chez ces animaux et l'endosmose très difficile et très lente à travers leur peau chitineuse, les intestins se pourriraient, l'épiderme se soulèverait par place et l'objet serait complètement détérioré. Pour les reptiles *nus*, comme pour les *écailleux*, il faut prendre des vases assez grands, afin que l'eau contenue dans le corps de l'animal n'affaiblisse pas sensiblement la liqueur et avoir soin, au premier signe de fermentation, de renouveler le liquide, ou, du moins, de filtrer l'ancien et d'augmenter son degré en ajoutant de l'alcool. Quelques personnes conservent les serpents dans des tubes. Si le tube est fermé à la lampe, l'évaporation est impossible; mais il faut briser le tube quand on veut prendre l'animal en main pour l'étude, et des bouchons de liège seront bien vite altérés par le contact direct de l'alcool. Il faut d'ailleurs observer que l'on ne peut mettre en tube que des objets déjà complètement saturés d'alcool, sans quoi la très petite quantité de liquide que peut contenir le tube serait vite modifiée et perdrait ses propriétés. »

L'emploi des flacons pour la conservation des Reptiles est donc le meilleur procédé à adopter ; mais le bouchage des flacons n'est pas sans présenter de grandes difficultés. Nous empruntons à M. Lataste les renseignements si précis qu'il a donnés à ce sujet :

« L'alcool dissout les cires, les corps gras, attaque le liège, le caoutchouc. Pour un musée ou une collection qu'on ne doit jamais remuer de place, on peut prendre des vases en forme d'éprouvette et les couvrir avec une rondelle de verre usée à l'émeri, ainsi que l'ouverture du flacon. On peut même se dispenser de cette dernière précaution et mastiquer avec de la cire à modeler, insoluble dans l'alcool, la très petite fissure qui sépare le flacon de son couvercle, ou même simplement envelopper la rondelle et le haut de l'éprouvette avec plusieurs doubles de feuilles minces d'étain, collées sur le joint avec une dissolution épaisse de gomme arabique et couvrir le tout d'un parchemin mouillé et tendu. Mais pour une petite collection, destinée à changer souvent de local, ce procédé ne vaut rien. Il faut forcément user de bouchons de liège qu'il sera convenable de couvrir d'une feuille métallique. On choisira alors des flacons dont le goulot soit aussi étroit que possible, afin de diminuer la surface d'évaporation, et l'on aura soin, de temps en temps, de réparer les pertes de chaque flacon par de nouvelles additions d'alcool. Les flacons à conserves, à bouchons de verre, rendraient de grands services s'ils avaient une forme convenable, car, avec de la cire à modeler, on peut compléter le bouchage et le rendre à peu près hermétique. Quand on met un animal en flacon, il faut avoir soin de noter, avec la date et le lieu de la capture, les couleurs de l'iris et même de la robe, car l'alcool les altère très vite. On conservera cependant beaucoup de teintes et de nuances si l'on tient ses flacons dans un lieu obscur. »

Empaillage des Reptiles et des Batraciens. — *Chéloniens* (Tortues). — Les Tortues ont le corps protégé par une cuirasse écailleuse formée de deux pièces : la partie supérieure ou *carapace* et la partie inférieure ou *plastron*. Avant de commencer la préparation d'une Tortue il faut s'assurer si la carapace est intimement unie au plastron et ne forme qu'un seul corps avec lui, ou si elle y est seulement réunie par un cartilage. Dans le premier cas, on sépare ces deux pièces au moyen d'une scie très fine, en ayant soin de ne pas entamer les bords de ces parties ; dans le second cas, on les sépare en coupant le cartilage avec un scalpel. Les extrémités de l'animal restent adhérentes à la carapace.

Lorsque le plastron est enlevé on place la Tortue sur le dos et on extrait facilement les intestins et les viscères. On détache les pattes, le cou et la tête en coupant leurs articulations près de la carapace, mais en ayant soin de ne pas couper la peau. On dépouille les jambes de derrière que l'on refoule de dehors en dedans pour en détacher facilement la peau. Il n'est pas nécessaire de laisser une partie des os et on détache tout ce que l'on peut enlever sans léser la peau. On passe ensuite à la queue que l'on dépouille avec précaution ; si l'on craignait de la casser, on la fendrait par dessous, on l'écorcherait en rejetant la peau sur les côtés, puis on la passerait au *préservatif* (1) ; il suffirait

_____
(1) On emploie généralement comme préservatif le *savon arsenical*

de la recoudre ensuite et de la bourrer. On dépouille les jambes de devant de la même manière que les autres puis le cou et la tête ; le crâne doit être vidé par le trou occipital sans l'agrandir ; les yeux enlevés sont remplacés par de l'étoupe hachée que l'on place dans les orbites.

Lorsque la tête est nettoyée de toutes ses chairs, on passe sur les os et sur tout l'intérieur de la peau une couche épaisse de préservatif, puis on bourre toutes les parties avec de l'étoupe hachée. On peut alors placer les fils de fer. Une carcasse entière n'est pas nécessaire, parce que l'animal étant toujours porté sur son plastron et non sur ses pattes, il suffit de faire dessécher celles-ci dans une bonne attitude pour qu'elles la conservent toujours ; mais il n'en est pas de même de la tête : on y passe toujours un fil de fer pour pouvoir la maintenir dans une direction quelconque. Le cou des Tortues, lorsqu'il n'est pas très tendu, offre des plis de la peau qui doivent être conservés. Si le préparateur ne se sentait pas assez habile pour cela, il représenterait l'animal le cou tendu, mais cette attitude est toujours disgracieuse. (Boitard.)

Pour placer les fils de fer on les dispose comme pour les Mammifères ; on passe successivement des fils dans les pattes, la queue et le cou, on les réunit solidement ensemble et on achève de bourrer.

Il ne reste plus qu'à replacer le plastron que l'on unit à

---

de *Becœur* ; on trouve cette préparation chez M. Deyrolle, naturaliste. Pour employer ce savon on le délaie avec un peu d'eau et, à l'aide d'un pinceau on l'étend sur la peau des sujets qu'on veut préparer.

la carapace avec de la colle forte, ou mieux encore en perçant sur les bords du plastron et de la carapace des trous qui se correspondent et par lesquels on passe des fils de fer que l'on tord ensuite au moyen d'une pince. On donne à la tête et aux jambes une attitnde naturelle ; on colle avec de la gomme les yeux artificiels dans les orbites, on place le sujet sur un socle en bois et on laisse sécher.

Avant de le placer dans la collection, on peut passer sur toutes les parties une couche de vernis à l'alcool.

Sauriens (Lézards). — Les Sauriens sont faciles à empailler ; mais la peau doit être tenue constamment humide pendant l'opération. On les dépouille à peu près comme les Mammifères ; on pratique une fente longitudinale sous le ventre et on la prolonge jusqu'à l'extrémité de la queue en ayant bien soin de ne pas faire tomber les écailles de la peau. Si néanmoins il y en a quelques-unes qui se détachent, on les recueille pour les recoller après l'empaillage. La peau de la tête ne doit pas être retournée ; on défonce la voûte du palais pour extraire la cervelle et les yeux ; par une incision sous la mâchoire on arrache la langue. On passe sur tout l'intérieur du corps une couche de préservatif ; on fait une carcasse artificielle en fil de fer, comme nous l'indiquons pour la préparation des Batraciens, puis on bourre le sujet et l'on recoud l'incision ventrale ; on place les yeux artificiels et on fixe l'animal sur un socle en bois, après lui avoir donné une attitude naturelle, puis on le vernit à l'alcool et on laisse sécher.

Certaines espèces ont une crête membraneuse sur la tête ou le dos, on comprime cette crête entre deux

petites plaques de liège ou de carton que l'on maintient jusqu'à dessiccation complète ; au moyen d'é-
pingles, on écarte les doigts des pattes.

Ophidiens (Serpents). — Les Serpents demandent
beaucoup de précautions pour être préparés. Quand on
manie le corps d'un serpent venimeux, on doit éviter
d'être blessé par une de ses dents. Dans ce cas, il est
prudent d'arracher provisoirement les crochets. Avec
une pince on saisit les vésicules qui renferment le venin
et on les coupe avec des ciseaux le plus près possible
de la mâchoire. Lorsque l'animal sera préparé et suffisamment desséché, on pourra toujours figurer ces vésicules avec de la cire et y implanter les crochets après
les avoir plongés dans l'alcali volatil.

On peut empailler les Serpents par deux procédés:

« On étend le Serpent sur une table, le ventre en haut
et la tête en avant, puis appuyant de la main gauche
sur le cou du reptile, afin de l'assujettir en position,
on pratique avec un scalpel une incision longitudinale
sur la peau du ventre. On donne à cette incision assez
d'étendue pour que le dépouillement s'exécute sans
peine. Ensuite on dégage le corps de chaque côté, en
appuyant vers le dos. Arrivé à l'anus, on dépouille la
queue, et, lorsque cette opération est terminée, on
dépouille le cou et la tête en laissant la peau adhérente
au bout du crâne. On coupe la tête à son articulation
avec la colonne vertébrale ; on enlève les parties
charnues qui recouvrent les mâchoires et les os du
crâne. On arrache ensuite les yeux et le cerveau ; on
met de l'étoupe hachée et du préservatif partout à
l'intérieur et on retourne la tête de la même manière

que pour les autres reptiles. Ensuite on retourne la peau du corps.

On introduit par le sommet du crâne ou par la gueule du serpent un fil de fer un peu plus long que le corps de l'animal et on le pousse jusqu'à l'extrémité de la queue. On bourre ensuite le corps avec de l'étoupe ou bien de la sciure de bois et on fait les coutures de la peau en ayant bien soin de ne pas perdre les écailles qui se détachent assez facilement. On finit de bourrer la gueule et on place les yeux. » (Chapus.)

Le second procédé consiste à écorcher les Serpents par la gueule : on ouvre fortement les mâchoires en profitant de leur extrême facilité de dilatation qu'on favorise encore en coupant les muscles qui les réunissent; on pratique à la base du crâne une incision circulaire qui permet de détacher le cou à sa naissance. Lorsque le cou est bien détaché, on renverse la mâchoire inférieure d'un côté et le crâne de l'autre et on saisit avec des pinces le tronçon qui se présente à l'ouverture; on le tire à soi et on l'écorche en renversant la peau jusqu'à ce qu'on parvienne aux dernières vertèbres qu'il est prudent de ne pas chercher à dépouiller.

Le corps étant complètement dégagé, on s'occupe de la tête; par un trou pratiqué à la partie inférieure du crâne on extrait la cervelle et les yeux, en ayant soin de ménager les plaques caractéristiques qui couvrent la tête et qu'on pourrait endommager en essayant de retourner la peau.

On enduit tout l'intérieur de la peau d'une couche de préservatif, puis on prend un fil de fer d'une longueur proportionnée à celle du reptile, on l'entoure d'étoupe et on le place dans la peau qu'on fait remonter par-dessus jusqu'à ce qu'elle ait recouvré sa forme primitive; ce fil de fer doit atteindre jusqu'à l'extrémité de la queue sans la dépasser. On referme les mâchoires et on les maintient en place au moyen d'une ligature. On pose les yeux artificiels et on donne au sujet une attitude naturelle. On peut le monter sur des tiges de cuivre, ou le représenter enroulé comme dans la figure ci-contre. Dans ces deux cas, on le place sur un socle en bois.

Pour les grandes espèces, il faut chercher surtout à leur donner une attitude qui n'exige pas une place trop grande dans la collection.

Lorsque le Serpent est en position, on le lave avec soin, puis on l'éponge en passant à plusieurs reprises un linge bien sec sur ses écailles ; on enduit ensuite tout le corps d'une bonne couche d'essence de térébenthine qui a l'avantage de hâter la dessiccation tout en ravivant les couleurs ternies des écailles. Il ne reste plus qu'à le vernir à l'alcool et à le placer dans la collection.

« Les yeux des Serpents sont recouverts, comme tout le reste du corps, d'un épiderme écailleux qui tombe et se renouvelle chaque année; c'est cette écaille qui, en ternissant un peu l'œil de ces animaux, leur donne ce regard terne et sinistre si effrayant. On peut remplacer cette écaille par une goutte de vieux vernis un peu épais et mêlé à une parcelle de vermillon. C'est surtout dans les serpents à crochets que cette méthode produit un effet que l'on ne soupçonnerait pas avant de l'avoir employée. » (Boitard.)

Batraciens. — Les Batraciens se prêtent mal à l'empaillage et exigent une grande habileté chez le préparateur; aussi emploie-t-on généralement le mode de conservation par voie humide, au moyen des procédés que nous avons indiqués au commencement de ce chapitre. Pour ceux qui préfèrent conserver les Batraciens par l'empaillage, nous indiquons les procédés que l'on emploie ordinairement.

On pratique sous le ventre une fente longitudinale depuis la gorge jusqu'à l'anus; avec le manche du scalpel, on dégage la peau des deux côtés et principalement vers le dos, on fait sortir la partie supérieure des cuisses et on sépare le fémur du tibia. Après avoir dépouillé l'abdomen, on refoule la peau vers la partie supérieure du tronc et on coupe chaque humérus à son articulation avec l'omoplate. On sépare ensuite la tête du tronc et on nettoie les membres et les os. La peau ne doit être détachée de la tête que jusqu'à l'extrémité du museau. On enlève la langue, les yeux, et on remplit les orbites de coton haché; le museau et les mâchoires sont garnis d'étoupe et, après avoir refoulé doucement le crâne de bas en haut, tandis qu'on tire la peau en sens inverse, on retourne la tête. On étend à l'aide d'un pinceau une couche de préservatif dans tout l'intérieur. On bourre le corps avec de l'étoupe finement hâchée, sans trop la comprimer, de manière à conserver à l'animal ses formes naturelles.

« On coupe cinq fils de fer d'une grosseur et d'une longueur proportionnées à la taille et au volume de l'échantillon. Deux de ces fils servent pour les pattes de devant, deux autres pour celles de derrière. Le cinquième fil est courbé en anneau à une de ses extrémités, tandis que l'autre est introduite dans le sommet de la tête : on réunit les fils de fer des jambes et on les fait passer dans l'anneau de la traverse du milieu, on y réunit également les fils de fer des pattes antérieures et, à l'aide d'une pince, on assujettit ce squelette artificiel en tordant le tout ensemble ; puis on achève de bourrer et on coud la peau. » (Chapus.)

La couture doit être faite à points très rapprochés ; on peut la dissimuler en collant dessus une bande de papier fin, sur laquelle on passe ensuite une couche de la couleur du ventre de l'animal.

Quelques préparateurs emploient une méthode plus expéditive qui consiste à dépouiller l'animal sans faire d'incision à la peau et à extraire par la bouche le corps en un seul tronçon, comme nous l'avons indiqué pour les Serpents, mais cette méthode offre de grands inconvénients pour les Batraciens et n'est généralement pas employée.

Si on prépare un Batracien Urodèle (Salamandre, Triton), on emploie le même procédé que nous avons indiqué pour les autres Batraciens ; on ajoute simplement à la charpente artificielle un sixième fil de fer que l'on passera dans la queue pour la soutenir.

Il ne reste plus qu'à fixer l'animal sur un socle en bois ; on y pratique quatre trous suivant l'écartement des jambes et on y fait passer les quatre fils de fer que l'on fixe sous le socle en les recourbant. On donne au Batracien une attitude naturelle ; la bouche devra être bourrée légèrement avec du coton et maintenue fermée à l'aide de petites épingles ; les yeux artificiels, que l'on devra toujours choisir de la couleur de ceux du sujet, seront fixés dans les orbites au moyen de gomme, puis, après avoir laissé sécher l'animal, on passera sur tout son corps une couche de vernis à l'alcool.

Mode d'emballage et d'expédition des Reptiles et des Batraciens. — L'amateur ou l'Herpétologue qui veut expédier ces animaux, soit à un correspondant pour faire des échanges, soit à un naturaliste pour les faire préparer, est souvent fort embarrassé pour trouver un mode d'expédition. Ces envois, en effet, peuvent être souvent refusés par tel ou tel bureau de poste, quoique n'étant pas de nature à détériorer les correspondances. On peut toujours commencer par les présenter à la poste et, en cas de refus, les expédier comme colis postal par chemin de fer. S'il s'agit d'envoi de reptiles morts, on doit emballer les animaux dans de la mousse ou dans des herbes fraîches. Lorsque les sujets ont été placés dans l'alcool avant d'être expédiés, il faut les éponger avec soin et au besoin les rouler dans une enveloppe souple et imperméable.

Si les animaux sont vivants, il faut les placer dans une caisse en bois remplie de foin pour éviter le ballottement. Les pores du bois et les joints de la caisse laisseront filtrer assez d'air pour que ces animaux puissent y vivre longtemps. On peut encore ménager dans un coin de la caisse une petite ouverture recouverte en toile métallique. Mais on ne saurait prendre trop de précautions pour les Serpents venimeux et il n'est pas prudent d'expédier ces animaux vivants. Quant aux Tortues, elles ne réclament aucun soin particulier et peuvent même supporter dans ces conditions un voyage d'environ quinze jours.

FAUNE HERPÉTOLOGIQUE

DE FRANCE

REPTILES

PREMIÈRE SOUS-CLASSE

REPTILES PROPREMENT DITS

Respiration pulmonaire dès la naissance. — Pas de métamorphoses. — Corps protégé par une carapace ou des écailles et revêtu d'un épiderme corné.

Ces Reptiles se divisent en trois ordres, ainsi que nous l'avons déjà dit :

Ordre I. — *Chéloniens* (Tortues).
Ordre II. — *Sauriens* (Lézards).
Ordre III. — *Ophidiens* (Serpents).

ORDRE I. — CHÉLONIENS

Les Chéloniens, plus connus sous le nom de *Tortues*, sont caractérisés par la boîte osseuse nommée *carapace* qui protège leur corps et qui est presque toujours recouverte de plaques écailleuses ou d'écussons; ces plaques constituent ce qu'on appelle l'*écaille*.

Ces Reptiles sont tous pourvus de quatre pattes; leur corps est court et leur forme généralement ovale, plus ou moins aplatie, mais toujours plus large que haute. Ils n'ont pas de dents, mais leur bouche est ordinairement armée d'un bec corné, à bords tranchants. Leurs yeux sont toujours protégés par trois paupières.

La carapace des Tortues est formée de deux parties : la partie supérieure que l'on désigne sous les noms de *dossière* ou *bouclier* et la partie inférieure ou *plastron*.

« La jonction entre ces deux parties est constituée par une masse cartilagineuse qui tantôt reste molle pendant toute la vie, tantôt s'ossifie; il en résulte que le bouclier et le plastron forment par leur union une sorte de capsule, ouverte seulement à l'avant et à l'arrière pour donner passage à la tête, aux pattes et à la queue, et dans laquelle le corps est presque complètement renfermé. La longueur du cou et de la queue varie beaucoup suivant les types examinés; il en est de même de la forme et de la longueur des membres qui peuvent avoir la forme de moignons tronqués ou être disposés en puissantes nageoires. » (Brehm.)

On divise les Tortues en quatre familles; cette division est basée sur la conformation de leurs pattes :

Famille I. — *Tortues terrestres* ou *Chersites* (Pattes terminées en moignons).

Famille II. — *Tortues de mer* ou *Thalassites* (Pattes en forme de rames).

Tortue mauritanique, p. 39.

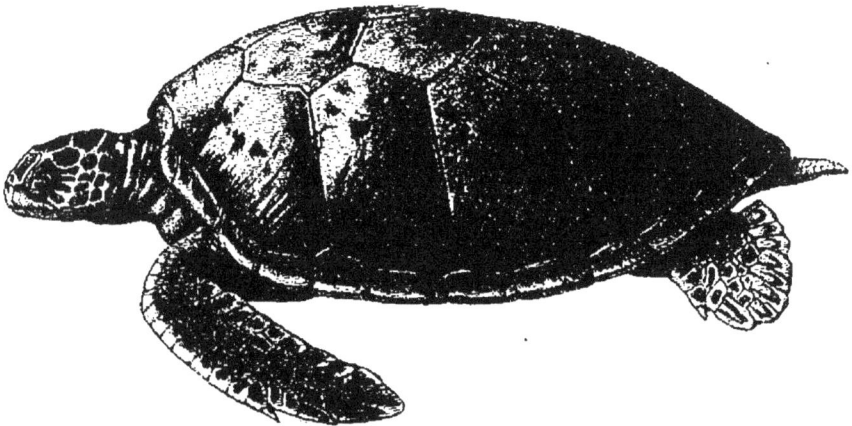

Chelonnée franche ou Chelonia midas, p. 40.

Famille III. — *Tortues fluviales* ou *Potamites* (Pattes largement palmées).

Famille IV. — *Tortues palustres* ou *Elodites* (Pattes palmées, à doigts mobiles et armés de cinq ongles).

FAMILLE I

Tortues terrestres ou Chersites

Ces Tortues ont la carapace généralement bombée et formée d'une seule pièce. Les pattes ont cinq doigts, les pattes postérieures ne sont armées que de quatre ongles.

Une seule espèce peut être considérée comme appartenant à la faune française :

Tortue grecque (*Testudo Græca*, Lin.).

Cette Tortue a la carapace très bombée, assez variable de forme, généralement ovalaire, un peu plus large en arrière qu'en avant. Elle a été souvent confondue avec la *Tortue Mauresque*, dont elle diffère par le sternum qui est immobile en arrière, par sa queue plus longue et dont l'extrémité est recouverte d'un revêtement corné qui manque chez l'autre espèce.

Sa tête est massive, plus épaisse que le cou, garnie en dessus de petits écussons et peut se retirer dans la carapace, dont la couleur est d'un jaune vert avec des taches d'un noir foncé. Sur le plastron, ces taches sont triangulaires.

Ses pattes sont courtes et armées de cinq doigts, dont le cinquième est rudimentaire.

Cette espèce atteint, en général, 30 centimètres de longueur; son poids ne dépasse guère 2 kilogrammes.

La Tortue Grecque recherche les terrains sablonneux

et boisés et aime à se réchauffer aux rayons du soleil.
« Nous nous rappelons, dit Bibron, qu'en Sicile où ces
animaux sont très communs, c'était toujours au
moment le plus chaud de la journée que, sur le bord
des chemins, nous en rencontrions dont la carapace
avait acquis un degré de chaleur telle qu'à peine
pouvions-nous endurer la main sur le test. »

Elle se nourrit principalement de végétaux, d'herbes,
de racines et dévore aussi des Mollusques, des insectes
et des vers. A l'approche de l'hiver elle se creuse un trou
dans le sol à une certaine profondeur et s'y enfouit jusqu'au retour du printemps ; elle reparaît généralement
vers le mois d'avril.

On peut la conserver facilement en captivité en la
nourrissant de légumes et de feuilles de salade qu'elle
coupe avec son bec comme avec des ciseaux. En la pro-
tégeant contre le froid on peut la conserver très longtemps.

Ses œufs sont plus ou moins sphériques, à coque calcaire et solide. Elle les dépose dans un trou en terre.
Les petits naissent avec une carapace hémisphérique
unie et sans trace de carène.

Cette Tortue, qui habite toute l'Europe méridionale,
ne se rencontre que dans le Midi de la France, dans nos
départements du littoral de la Méditerranée où elle a
été importée du Sud de l'Italie.

La Tortue mauresque (*Testudo Mauritanica*
Dum. et Bibr.) qui a été souvent confondue avec la
précédente, n'appartient pas à la faune française et si
nous en parlons ici c'est parce qu'elle est très commune sur nos marchés où elle est fréquemment im-

portée d'Algérie. Très facile à nourrir, elle s'acclimate fort bien, est recherchée comme objet de curiosité et élevée dans les appartements ou dans les jardins.

FAMILLE II

Tortues de mer ou Thalassites

Ces Tortues sont caractérisées par leurs pattes en forme de rames, qui sont dépourvues d'ongles et leur servent pour s'accrocher aux corps solides.

Essentiellement marines, elles se nourrissent de plantes aquatiques, de Mollusques et de Crustacés.

On les divise en deux genres :

Les *Chélonées*,

Les *Sphargis*,

suivant que la carapace est protégée par des lames carrées ou recouverte d'une peau dure et coriace.

Ces Tortues, qui sont recherchées pour l'alimentation, peuvent atteindre une taille colossale et on trouve des Sphargis pesant 800 kilogrammes et des Chélonées de 400 à 500 kilogrammes, dont la carapace mesure plus de cinq mètres de circonférence et près de deux et demi de longueur.

Les Thalassites n'appartiennent pas à la faune française, mais nous devons mentionner ici cette famille, ces Tortues étant fréquemment harponnées au large de nos côtes, ou capturées sur notre littoral où elles viennent s'échouer.

Les espèces que l'on rencontre le plus souvent sur nos côtes sont le **Luth** (*Sphargis coriacea*), les **Chélonées franche** et **Caouanne** et surtout le **Caret**.

Chelonia Caouana, p. 40.

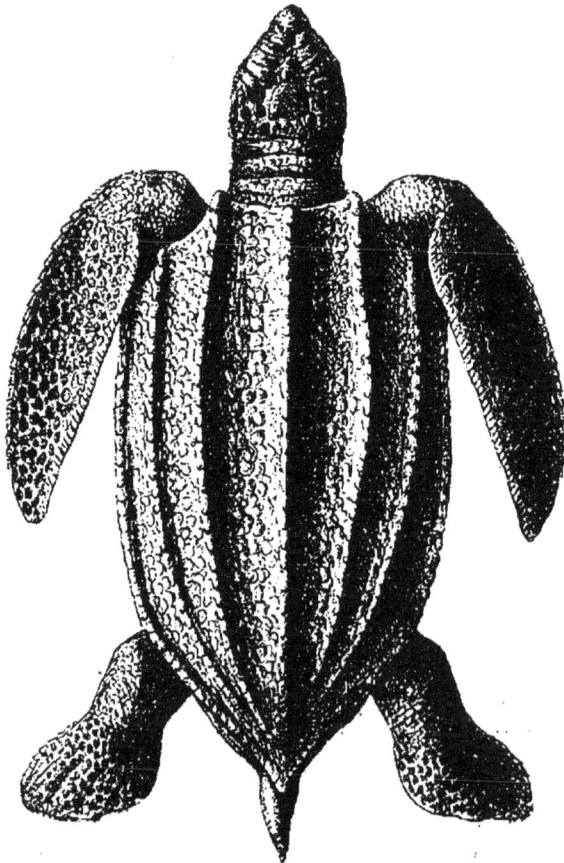

Tortue luth ou sphargis, p. 40.

FAMILLE III

Tortues fluviales ou Potamites

Nous ne citons ici que pour mémoire cette famille composée d'espèces exotiques habitant les grands fleuves des régions chaudes. Ces Tortues peuvent atteindre de grandes dimensions et peser jusqu'à 35 kilogrammes.

FAMILLE IV

Tortues palustres ou Elodites

Dans cette famille intermédiaire entre les Tortues terrestres et aquatiques, la carapace est peu élevée, de forme ovale et souvent séparée par une ligne médiane plus ou moins prononcée. Les pattes ont cinq doigts mobiles et armés d'ongles.

Les Elodites sont d'une taille moyenne ou petite et vivent indifféremment sur le bord des rivières, dans les marais ou dans les prairies humides.

Ces Tortues ont été divisées en deux tribus :

Les *Cryptodères*, dont la tête peut rentrer entièrement dans la boîte osseuse,

Les *Pleurodères*, dont la tête ne peut être retirée dans la carapace.

Cette dernière tribu n'a pas de représentants en Europe.

La tribu des Cryptodères est représentée en France par un seul genre :

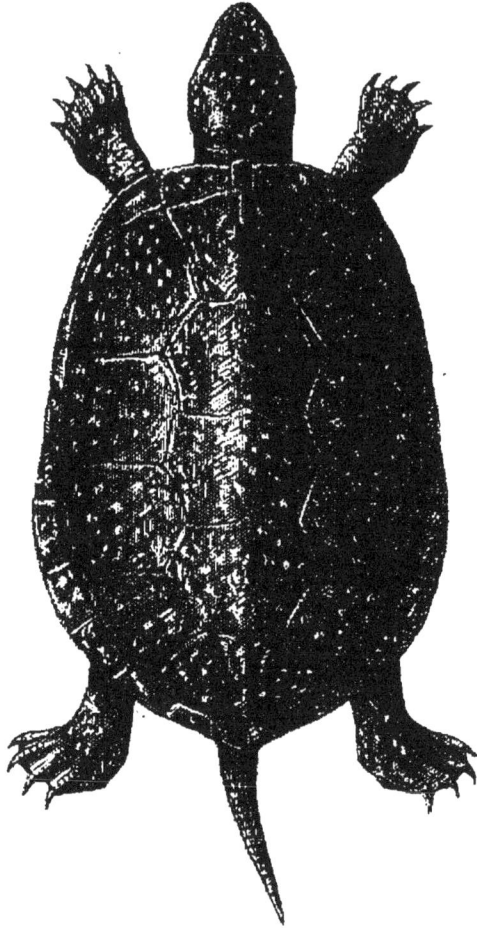

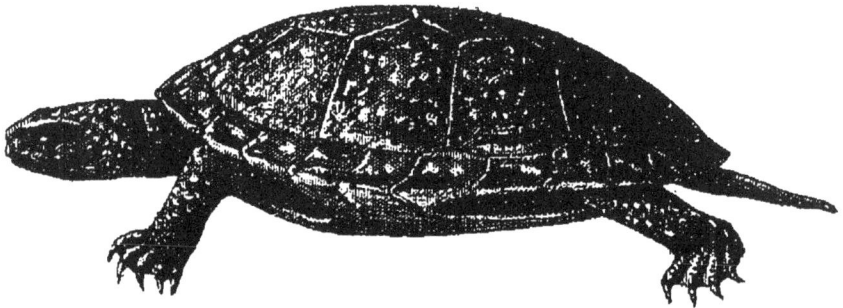

Cistudo Europæa, p. 44.

Genre Cistudo (Flem.), Cistude

« Pattes à cinq doigts, les postérieures à quatre ongles seulement ; plastron large, ovale, attaché au bouclier par un cartilage, mobile devant et derrière sur une même charnière transversale et moyenne, garnie de douze plaques, vingt-cinq écailles au limbe de la carapace. » (Dum. et Bibr.)

Cistude d'Europe (*Cistudo Europæa*, Dum. et Bib.).

Dans cette espèce la carapace est arrondie, déprimée et carénée dans sa partie médiane chez le mâle, de forme elliptique à peine carénée chez la femelle. Cette carapace est d'un noir rougeâtre, avec ou sans stries jaunâtres, rayonnant du centre d'accroissement à la périphérie des écailles. Le plastron est marbré de brun rougeâtre sur fond jaune, ou de jaune sur fond brun.

Les membres sont noirs en dessus, rougeâtres en dessous, avec des points et des taches jaunes. Les membres antérieurs sont palmés et ont cinq doigts munis d'ongles aigus et recourbés. Les membres postérieurs, un peu plus longs, ont quatre ongles. La queue est arrondie, pointue et couverte d'écailles aplaties.

Cette Tortue, dont la longueur varie de 30 à 38 centimètres, recherche les étangs et les marais peu profonds, où elle aime à s'enfoncer dans la vase. C'est surtout au mois de mai qu'on peut capturer des Cistudes avec des filets, au troubleau et même à la ligne de fond. « On les voit parfois se reposer au-dessus de l'eau, sur des tas de broussailles, d'où elles se laissent choir à la moindre alerte. J'ai observé qu'elles pouvaient également se tenir immobiles à la surface de l'eau en gonflant d'air leurs poumons ; elles expirent une partie de cet air quand elles veulent se rendre plus denses que l'eau et aller au fond. » (Lataste.)

Pendant l'hiver, la Cistude s'enfouit au fond des marais pour ne reparaître qu'au printemps ; elle est carnassière et se nourrit d'insectes, de vers, de mollusques. Elle nage avec rapidité et poursuit les petits poissons qu'elle commence par tuer à coups de bec et dévore ensuite.

Ses œufs, qui ont une légère coque calcaire et résistante, sont très allongés, atténués vers un bout, blancs, légèrement marbrés de gris sale. Leur longueur est de 30 millimètres et leur largeur de 20 millimètres.

Cette espèce, que l'on désigne souvent sous les noms de *Tortue jaune* ou *Tortue bourbeuse*, habite principalement le Midi de la France. Dans la Charente-Inférieure, on la trouve dans les marais aux environs de Royan. Dans le département de la Gironde, elle n'est pas rare dans les pâturages entrecoupés de fossés du littoral, à Soulac, au Verdon, à Facture; dans cette dernière localité, elle abonde dans les mares et les fossés remplis d'herbes et de troncs d'arbres que côtoie la ligne du chemin de fer.

On peut conserver les Cistudes en domesticité en leur donnant de la viande pour nourriture.

ORDRE II. — SAURIENS

Les Sauriens sont des reptiles à corps allongé, arrondi, écailleux ou chagriné et sans carapace. Ils ont le plus souvent quatre pattes, à doigts garnis d'ongles, une queue allongée, les yeux recouverts de paupières, des mâchoires dentées à branches soudées. Ils pondent, pour la plupart, des œufs à coque résistante, coriace, crétacée, mais non solide. Duméril et Bibron ont divisé les Sauriens en huit familles.

1° *Crocodiliens.*
2° *Caméléoniens.*
3° *Geckotiens.*
4° *Varaniens.*
5° *Iguaniens.*
6° *Lacertiens.*
7° *Calcidiens.*
8° *Scincoïdiens.*

Trois familles seulement, les *Geckotiens*, les *Lacertiens* et les *Scincoïdiens* ont des représentants en France.

FAMILLE DES GECKOTIENS

Les *Geckos*, que l'on désigne aussi sous les noms d'*Ascalabotes* et de *Tarentes*, sont des Sauriens de petite taille, dont le corps est déprimé, trapu, le cou très court la tête large, aplatie et enfoncée entre les épaules, la queue épaisse, mais fragile, les pattes courtes, garnies de doigts presque égaux en longueur et le plus souvent aplatis en dessous, où ils sont garnis de lamelles régulières et imbriquées.

On peut dire des Geckotiens que ce sont les plus laids de nos Sauriens. Essentiellement nocturnes, ils ont des couleurs ternes et sombres, une bouche large, une langue courte et charnue, des yeux très grands, une peau garnie d'écailles granuleuses, souvent parsemée de tubercules. Cet ensemble peu flatteur justifie la répulsion naturelle que l'on éprouve pour ces animaux et a donné naissance à des légendes aussi ridicules qu'invraisemblables.

« Les Geckotiens sont des animaux absolument inoffensifs, qui cherchent tout au plus à mordre lorsqu'on veut les saisir, comme le font tous les autres Sauriens, du reste. Non seulement les Geckos ne sont pas des animaux nuisibles, mais ce sont des auxiliaires essentiellement utiles, car ils détruisent un grand nombre de moustiques et d'autres insectes bien autrement désagréables qu'eux. » (Brehm).

Ils se servent de leurs pattes armées d'ongles et dont la face interne est garnie de lamelles pour s'appliquer sur les corps les plus lisses, sur les pierres, les rochers, les murs, où ils grimpent avec la plus grande agilité, et peuvent, grâce à leur corps aplati, se mouler et se dissimuler dans les moindres creux. Ce sont les seuls Sauriens ayant réellement une voix et leur cri, composé des deux syllabes *gec-ko* leur a fait donner ce nom.

Les Geckotiens sont très voraces et détruisent pour leur nourriture une grande quantité d'insectes, de chenilles, de moucherons et d'araignées.

Deux genres de cette famille habitent la France, où ils ne sont représentés chacun que par une seule espèce :

Genre Platydactylus (Cuv.), Platydactyle

Platydactyle des murailles (*Platydactylus muralis*. Dum. et Bibr.).

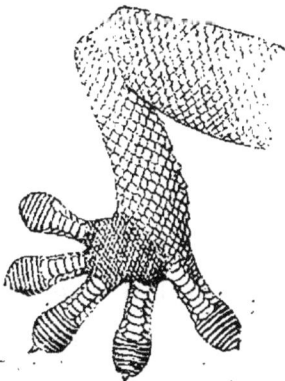

Platydactyle des murailles, (p. 47) sa patte vue en dessous.

Le Platydactyle est un Saurien de petite taille
(0 m. 12 à 0 m. 15). « Le dessus du corps présente
des bandes transversales de tubercules ovalaires,
relevés d'une carène saillante et entourés à la base
de fortes écailles ou d'autres petits tubercules ; les
bords du trou de l'oreille sont dentelés, tous les doigts
sont aplatis et il n'y a que le troisième et le quatrième
doigt de chaque patte qui soient garnis d'ongles. Les
mâles ont la base de la queue hérissée d'un rang d'é-
pines de chaque côté ; la queue, légèrement déprimée,
présente en dessus des épines formant des demi-an-
neaux. Le dessus de la tête est revêtu de petites
plaques polygones, convexes, disposées en pavé. »
(Brehm.)

Le Platydactyle, que l'on désigne en Provence sous
le nom vulgaire de *Tarente*, a une coloration terne assez
variable et qui s'harmonise avec les lieux où il habite :
le dessus du corps est d'un gris de poussière, ou quelquefois d'un brun-noir avec des taches grises formant
des bandes en travers du dos et de la queue ; le ventre
est blanchâtre.

On le rencontre dans les rochers et dans les vieux murs.
Il pénètre dans les habitations, principalement dans les
caves, où il devient très familier quand il n'est pas in-
quiété. Ses mouvements sont extrêmement vifs, mais
ce n'est guère qu'à l'entrée de la nuit qu'il s'anime et
qu'il se met en chasse à la poursuite des insectes dont
il fait sa nourriture. Au lever du soleil il cherche un
coin obscur, la fente d'un rocher ou l'abri d'une pierre
et y reste immobile tout le jour. Il dépose ses œufs
entre des pierres où la chaleur solaire les fait éclore.

Le Platydactyle grimpe avec agilité à l'aide des feuillets disposés sous ses doigts et au moyen desquels il fait le vide et peut ainsi se tenir dans toutes les positions, et non pas en se collant aux corps à l'aide d'une matière visqueuse, comme on le croyait autrefois.

Cette espèce ne se rencontre en France que dans nos départements du littoral méditerranéen, où elle a été importée, grâce à la facilité avec laquelle ce petit Saurien est transporté dans les marchandises à bord des navires.

Genre Hemidactylus (Cuv.), Hémidactyle

Hémidactyle verruculeux (*Hemydactylus verruculatus*. Cuv.).

Ce Saurien a la tête courte, le museau très obtus, les doigts médiocrement élargis, les pouces allongés, rétrécis à la pointe. Sa queue, qui est ronde, fait un peu plus de la moitié de la longueur totale du corps. Les écailles du dos sont entremêlées de tubercules nombreux ; le crâne est couvert de petits tubercules arrondis.

A peu près de la taille du Platydactyle (0 m. 12), il a le corps d'une coloration grisâtre ou rougeâtre et marbré de brun. Chez quelques individus les teintes sont presque noires ; le plus souvent les côtés du museau, entre l'œil et la narine, sont marqués d'une bande noire.

Cette espèce a les mêmes mœurs que le Platydactyle ; elle est également nocturne et s'introduit fréquemment dans les habitations. On ne la trouve que dans le midi de la France, dans la région littorale de la Méditerranée et principalement dans le Var.

FAMILLE DES LACERTIENS

Les Lacertiens sont caractérisés par des dents creuses et appliquées contre la paroi interne des mâchoires, par une tête conique plus ou moins pointue, par des doigts allongés et de forme variable selon les genres. La tête est recouverte de plaques qui ont reçu des dénominations différentes en raison de la position qu'elles occupent : *rostrales*, *nasales*, etc... Les yeux sont grands, munis de deux ou trois paupières. Le tronc, ainsi que le cou, est couvert de petites écailles de forme variable. La longueur de la queue varie selon les espèces ; on peut facilement distinguer les deux sexes à l'inspection de la base de la queue toujours plus renflée chez le mâle.

Les Lacertiens vivent dans les terrains arides ou sablonneux, dans les murailles, dans les ronces, dans les bois ou dans les prairies humides ; ils se creusent des galeries où ils passent l'hiver en léthargie. Ils sont vifs, courent et grimpent avec agilité. Ils recherchent les expositions chaudes et se nourrissent d'insectes, d'araignées, de vers et de mollusques. Ces reptiles changent de peau plusieurs fois dans le courant de l'été ; lorsque leur vieille peau se détache partiellement, ils s'en débarrassent par le frottement contre les pierres ou les broussailles.

Genre Lacerta (Lin.), Lézard.

Dans ce genre le tronc est épais, le dos relevé ou convexe transversalement ; la tête, de dimensions variables, présente un profil plus ou moins busqué.

Les Lézards recherchent des lieux différents suivant les espèces ; mais tous choisissent de préférence des terrains bien exposés au soleil. C'est, en effet, en plein soleil qu'ils ont la plus grande activité et poursuivent avec ardeur les mouches et les insectes dont ils font leur nourriture.

« Ils se tiennent cachés dans leur trou pendant les journées froides et pluvieuses. C'est pourquoi les espèces de nos pays hivernent avant que l'hiver ne fasse ressentir ses rigueurs. Certaines espèces sont, du reste, plus frileuses les unes que les autres. Dans leurs résidences d'hiver qu'ils habitent généralement en commun, les lézards demeurent immobiles, les yeux fermés, la bouche ouverte, dans un état de mort apparente ; si on vient à les réchauffer artificiellement, ils reviennent à la vie, respirent, ouvrent les yeux et deviennent de plus en plus gais. » (Brehm.)

C'est au moyen de leurs ongles acérés et avec l'aide de leur museau, qu'ils se creusent un terrier étroit, un peu tortueux et terminé en cul-de-sac. Ce terrier, chez les grandes espèces, n'a généralement guère plus de soixante centimètres de profondeur.

Ils sont très carnassiers et dévorent une grande quantité d'insectes. Lorsqu'on veut les saisir, ils mordent vigoureusement sans lâcher prise, mais leur morsure n'est pas venimeuse. Mis dans l'impossibilité de mordre, ils cherchent encore à se défendre avec les ongles.

La femelle dépose ses œufs dans un trou creusé exprès dans le sol, souvent aussi sous des pierres ou des débris de végétaux, car ces œufs ont besoin d'une certaine humidité pour se développer. Ils sont oblongs et d'une teinte blanc sale. Le nombre varie de sept à treize, selon les espèces.

La queue des Lézards est extrêmement fragile : « Ce membre se rompt au moindre choc ou à la moindre traction. L'animal, ainsi privé d'une partie plus ou moins longue de lui-même, fuit sans paraître incommodé par l'accident, tandis que le bout séparé du tronc s'agite sur le sol pendant longtemps encore. Ces ruptures arrivent fréquemment dans la vie ordinaire des Lézards : la chute d'une pierre dans une rocaille ou la simple morsure d'un congénère jaloux suffisent souvent à briser ce membre fragile ; à bien plus forte raison se rompra-t-il si un chien s'amuse avec le petit Saurien, ou si quelque gamin le frappe sur cette partie. La plaie est promptement cicatrisée et la queue repousse assez vite, mais non sans laisser des traces de la fracture, soit dans un trouble de l'écaillure, soit dans un brusque changement de dimension ou de coloration. Il arrive quelquefois que, par suite de lésions secondaires ou de pressions faites par un corps étranger, la queue se divise, en repoussant, en deux ou plusieurs branches, et l'animal, ainsi pourvu de deux ou trois queues, devient pour beaucoup de gens un être fabuleux. Cette partie semble presque, chez le Lézard, un moyen de salut et comme un moyen de tromper qui le poursuit ; il laisse volontiers, sinon son habit, du moins sa queue dans les mains de celui qui veut s'emparer de sa personne. » (Fatio).

Nous possédons en France plusieurs espèces de Lézards :

Lézard ocellé (*Lacerta ocellata*. Daud.)

Le Lézard ocellé est le plus grand de nos Lézards et en même temps le plus remarquable par la richesse

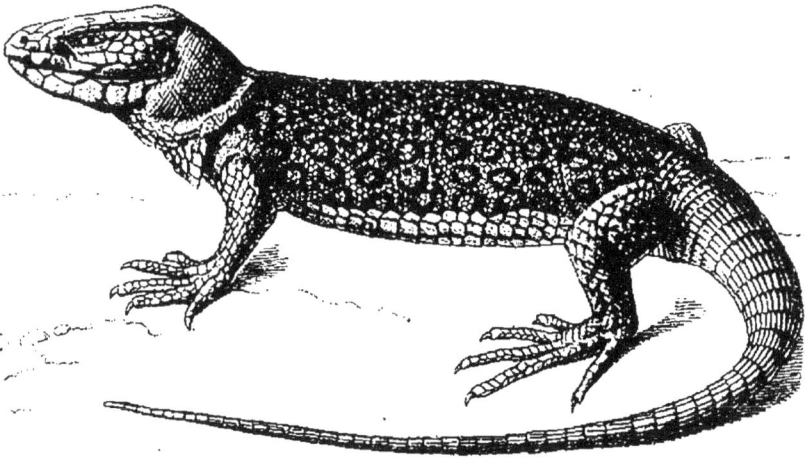

Lézard ocellé.

de ses couleurs : sur un fond d'un brun verdâtre son corps est ondé de lignes d'un jaune citron ; ses flancs sont ornés de taches ocellées d'un bleu cendré et entourées de brun ; sa tête est verte et le dessous du corps d'un blanc jaunâtre. Lorsque cet animal est exposé au soleil, ses couleurs présentent un ensemble chatoyant de vert, de bleu et de brun.

Dugès (1), qui a étudié spécialement les Lézards de France, a constaté que sa coloration varie à trois âges

(1) Dugès, *Mémoire sur les espèces indigènes du genre Lacerta.*

différents. Elle est d'abord tachetée, puis ocellée et enfin réticulée. Les écailles du dos sont granuleuses, arrondies, convexes et juxtaposées.

Ce Lézard, qui atteint fréquemment une longueur de près d'un demi-mètre, s'établit de préférence dans un sable dur, sur une pente rapide et abrupte, exposée au midi ou au sud-est, et recherche les racines des vieilles souches et les vieilles murailles. Agile et robuste, il poursuit incessamment les gros insectes dont il fait sa nourriture : Cigales, Sauterelles, Hannetons, etc... Il s'attaque aussi aux petits mammifères, aux jeunes oiseaux, et fait volontiers sa proie d'autres Lézards plus petits. On l'accuse même de dévorer les œufs des petits oiseaux.

« Lorsqu'il observe une proie, dit Schinz, il l'épie avec des yeux brillants fixement dirigés sur elle, puis se jette dessus avec une extrême rapidité; il la saisit entre ses mâchoires, puis l'avale après l'avoir plusieurs fois secouée. »

Plus paresseux que les autres Lézards, il est le dernier à apparaître au printemps et le premier à s'engourdir à l'automne. Quand on veut le saisir, il mord avec acharnement et se défend à l'aide de ses ongles; nous avons déjà dit que sa morsure ne présente aucun danger.

Ses œufs, au nombre de 7 à 9, sont oblongs et de couleur blanchâtre.

Le Lézard ocellé habite le Midi de la France; il est très commun aux environs de Nice et de Montpellier, mais c'est à peine s'il dépasse au nord le département de la Charente-Inférieure.

Lézard vert (*Lacerta viridis*. Daud.).-

Le Lézard vert est moins grand et moins vigoureux que le Lézard ocellé. Sa taille ne dépasse guère 0 m. 35 de long. La tête est grosse chez le mâle, plus effilée chez la femelle. La queue est presque deux fois aussi longue que le corps. Les écailles du dos, disposées en verticilles et légèrement imbriquées, sont granuleuses, arrondies, convexes sur le cou, oblongues et relevées en dos d'âne sur les épaules.

Lézard vert.

La coloration de ce Lézard est très variable ; on rencontre surtout trois variétés bien définies :

Première variété : *pointillée de jaune et de noir.*

« Le dessus du corps et les flancs sont semés d'écailles jaunes, noires et vertes, entremêlées sans ordre. Sur le fond jaunâtre de la tête sont répandus des points jaunes, plus grands, plus clairs que ceux du corps. Chez quelques individus les points jaunes manquent sur le

corps, et alors la tête est d'un brun vert uniforme. »
(Lataste.)

2ᵉ variété : *piquelée et à quatre raies*.

Cette variété présente la même coloration générale,
mais de plus quatre raies blanchâtres ou jaunâtres,
deux sur chaque flanc, une en haut et l'autre en bas.

3ᵉ variété : *tachetée et à quatre raies*.

Le dessus de la tête est d'un brun vert avec taches
noires et points jaunes. Deux lignes blanches ou jaunes
assez larges et irrégulières, partant de l'orbite, s'étendent sur les côtés du dos et de la queue.

Ce Lézard est svelte, souple, élancé. Au moindre
bruit il disparaît dans les broussailles. Il se plaît dans
les herbes touffues, au pied des genêts, dans les bruyères et dans les clairières des bois. Il vit d'insectes,
d'araignées, de chenilles. Très sauvage, il mord avec
rage quand on veut le saisir. Il est cependant très sociable et l'on voit souvent plusieurs de ces animaux vivant
ensemble. Il s'habitue facilement à la captivité et devient
si familier qu'il vient prendre dans la main les insectes
qu'on lui présente ; il est surtout très friand des larves
de *ténébrion*, plus connues sous le nom de *vers de farine*.
Il boit fréquemment, surtout si on lui donne de l'eau
bien pure.

La femelle pond de 11 à 13 œufs, d'un blanc sale et
de la grosseur d'un pois.

Le Lézard vert, très commun dans certaines parties
de la France, ne s'avance guère vers le nord ; il n'est
pas rare dans la forêt de Fontainebleau.

Lézard des souches (*Lacerta stirpium.* Daud.).
Ce Saurien est par sa taille intermédiaire entre le

Lézard vert et le Lézard des murailles; il n'atteint généralement guère plus de 0 m. 20. Souvent confondu avec le Lézard vert, il en diffère par son corps trapu, son museau court, ses formes peu sveltes. Sa coloration est également différente ; sur le corps s'étend une large bande d'un brun rougeâtre, avec des taches brunes ou noires accompagnées de traits ou de points jaunâtres; les flancs sont verts, gris ou bruns, maculés de taches foncées et de points clairs.

Lézard des souches.

Ce Lézard recherche les plaines et les coteaux; il se tient de préférence dans les haies, sur la lisière des bois, dans les grands jardins, dans les vignes et surtout au pied des buissons rabougris et dans les bruyères. « Sa demeure est un trou étroit, plus ou moins profond, creusé sous une touffe d'herbe ou entre les racines d'un arbre; il s'y tient caché pendant l'hiver, après en avoir bouché l'entrée avec un peu de terre ou quelques feuilles sèches. Il n'en sort que dans la belle saison ou lorsque le temps est favorable à la chasse des insectes dont il fait sa nourriture, tels que les mouches, de petits orthoptères et quelquefois des chenilles. La femelle pond 9 à 13 œufs qui sont cylindriques et tronqués aux deux bouts. » (Duméril et Bibron.)

Moins vif que le Lézard vert, il peut néanmoins grimper avec agilité sur les buissons peu élevés ; il se défend courageusement quand on veut le saisir et s'habitue difficilement à la captivité. Il a de nombreux ennemis et est fréquemment la victime des Couleuvres, des Belettes, des Oiseaux de proie et même des Pies et des Corbeaux.

Il est répandu en France, mais rare dans la région méridionale ; il est commun dans les fossés des fortifications de Paris.

Lézard vivipare (*Lacerta vivipara*. Jacquin.).

Cette espèce a la tête petite, courte, assez épaisse et busquée vers le museau. Sa queue a environ une fois et demie la longueur du corps. Sa coloration est très variable : le plus souvent sa gorge est bronzée avec des reflets verts-cuivrés et pointillée de noir. Le ventre est orange, ponctué de noir, chaque écaille étant marquée en son milieu d'une ou de deux taches noires.

Ce Lézard se nourrit d'insectes, de mouches, de sauterelles et d'araignées ; on le rencontre aussi bien dans les montagnes que dans le voisinage des eaux, dans les prairies herbeuses et humides. Sa ponte présente une particularité qui lui a fait donner le nom de Lézard *vivipare* : la femelle pònd de 7 à 9 œufs oblongs, d'un blanc de porcelaine. « Quelques minutes après la ponte,

les petits brisent leur enveloppe et s'échappent fort
alertes. Ils mesurent alors environ cinquante millimètres de long; ils sont entièrement noirs, les faces
supérieures à peine un peu plus claires que les inférieures. » (Lataste.)

Ce Lézard habite une partie de la France; on le rencontre dans le Nord, dans les Alpes et jusque dans les
Pyrénées. Dans la Gironde, il est très commun aux en-
rons de Bordeaux, dans les terrains marécageux connus
sous le nom d'*allées de Boutaut*.

Lézard gris ou *lézard des murailles* (*Lacerta
muralis*. Dum. et Bibr.).

Cette espèce est la plus commune et sa coloration,
peu variable en France, est grise ou rousse; ses flancs
sont marqués d'une bande noire bordée de blanchâtre. Sa taille moyenne est de 0 m. 20. C'est le
plus petit et le plus gracieux de tous nos Lézards, et il
est si familier qu'on a dit avec raison qu'il était l'ami
des enfants, qui ne l'épargnent guère, le mutilent souvent et lui font subir mille tortures.

On le rencontre partout : sur les murs de clôture de
nos jardins, autour des habitations, le long des chemins, dans les vignes, dans les landes et surtout sur
les coteaux pierreux exposés au soleil. Il se nourrit de
petits insectes et de mouches et est souvent la proie
des couleuvres. Peu frileux, il disparaît très tard en
automne et sort de son trou dès le mois de février.

La femelle pond de 9 à 14 œufs oblongs, ayant
15 millimètres de long sur 11 de large; ces œufs sont
élastiques et blancs, quelquefois légèrement mouchetés
de gris.

Ce Lézard est répandu dans toute la France; il est très commun dans le département de la Gironde où on le désigne sous le nom de *Sangogne*.

Genre Psammodromus (Fitz.), Psammodrome

Les Psammodromes se distinguent des Lézards proprement dits par leurs doigts faiblement comprimés, carénés au-dessous, sans dentelures latérales et par l'absence d'un véritable repli de la peau en travers du dessous du cou; ils ont des paupières; la plaque dans laquelle est percée la narine n'est pas renflée (Brehm).

Psammodrome d'Edwards ou *hispanique* (*Psammodromus Hispanicus*, Fitz.).

Ce petit reptile a le corps grêle et élancé, le museau

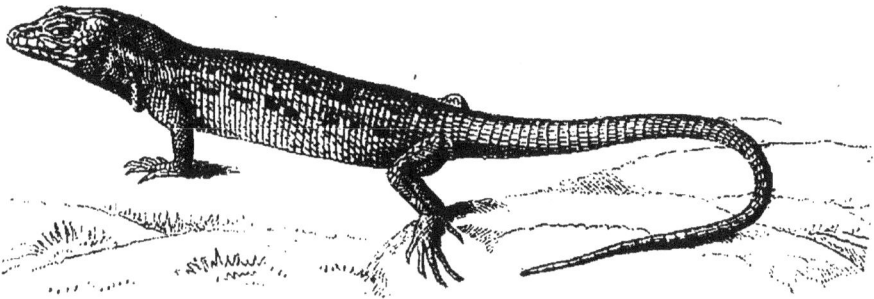

Psammodrome hispanique.

effilé, les membres allongés, la queue longue et sensiblement aplatie. Sa coloration est d'un gris bleuâtre ou cendré; sa tête est pointillée de brun. Le dos porte, de chaque côté, trois raies longitudinales et parallèles de couleur jaunâtre, interrompues de distance en distance par une petite tache blanche flanquée de deux gros points de même forme, d'un brun noir. Le dessous du corps est d'un blanc luisant avec des reflets irisés.

« Le Psammodrome habite de préférence les dunes au bord de la mer; il se creuse au pied de quelque touffe de jonc un trou peu profond dans lequel, au moindre danger, il s'élance avec la rapidité d'une flèche, volant, pour ainsi dire, à la surface du sable étincelant. » (Brehm.)

Il se nourrit de petits insectes et de mouches. On ne le rencontre en France que dans le Midi, dans la région littorale de la Méditerranée.

Genre Acanthodactylus (Fitz.), Acanthodactyle

Ce genre comprend des Lézards dont les pattes sont terminées par cinq doigts faiblement comprimés, carénés en dessous et dentelés latéralement; le cou est garni d'un collier d'écailles en travers.

Une seule espèce habite en France :

Acanthodactyle vulgaire (*Acanthodactylus vulgaris*, Dum. et Bib.).

Ce Lézard est généralement d'un brun plus ou moins

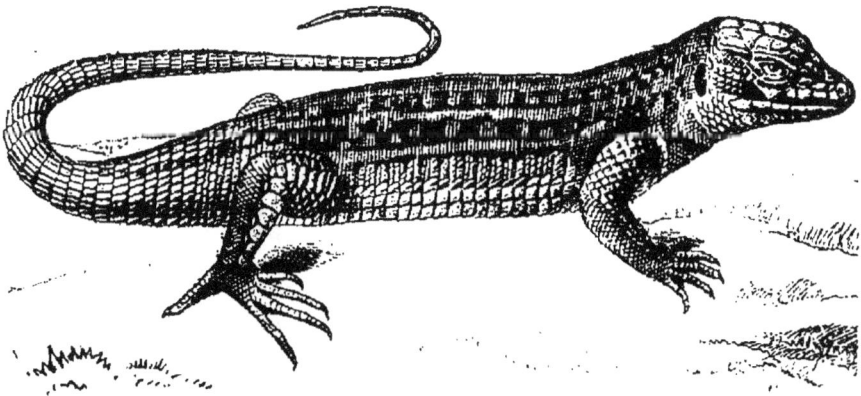

Acanthodactyle vulgaire.

foncé; quatre lignes blanches s'étendent de chaque côté de la tête et du cou; les pattes sont marbrées de petites tâches blanches; la queue est rougeâtre; le dessous du corps est blanc.

L'Acanthodactyle atteint environ 0 m. 20.

« Cette espèce vit de préférence dans les endroits pierreux exposés en plein soleil; l'animal, très agile et fuyant au moindre bruit, va se cacher dans quelque crevasse du sol, sous une pierre, entre les racines des Cistes et des Chênes verts. Sa nourriture se compose de petits insectes. Grâce à leur agilité, à leur adresse, ces Lézards s'emparent facilement des moucherons qui se posent à leur portée; ils les attrapent pour ainsi dire au vol. » (Brehm.)

L'Acanthodactyle n'habite que le Midi de la France, dans la zone circumméditerranéenne.

FAMILLE DES SCINCOIDIENS

Cette famille est caractérisée par les écailles du tronc qui sont disposées comme des tuiles et sont généralement élargies et arrondies à leur bord externe, par la tête qui est recouverte en dessus par des plaques cornées, minces et anguleuses, par la langue qui est libre, plate, sans fourreau et légèrement échancrée en avant.

Quelques Scincoïdiens ont des pattes plus ou moins développées comme les Lézards, d'autres sont dépourvus de membres et allongés en forme de serpents. Cette famille établit une transition naturelle entre les Sauriens et les Ophidiens.

Genre Seps (Daud.), Seps

« Narines latérales s'ouvrant entre deux plaques. —

Seps chalcide, p. 67.

Langue plate, squammeuse, en fer de flèche, échancrée à sa pointe. — Museau conique. — Quatre pattes ayant chacune leur extrémité divisée en trois doigts inégaux, onguiculés, subcylindriques, sans dentelure. — Flancs arrondis. — Queue conique, pointue. — Ecailles lisses. » (Dum. et Bibr.)

Ce genre ne comprend qu'une seule espèce :

Seps chalcide (*Seps Chalcis*. Dum. et Bibr.).

Le Seps est facile à reconnaître grâce à sa forme particulière : ses quatre pattes sont très courtes et paraissent appliquées contre le corps; sa tête fait suite au corps sans en être séparée par un cou distinct; ses yeux sont petits, elliptiques ; sa queue est terminée par une pointe aiguë et flexible.

« J'ai pu me convaincre, dit Lataste, que cet animal se sert de ses petites pattes pour la marche paisible, tandis qu'il progresse à l'aide des ondulations du tronc et de la queue quand une frayeur ou une émotion lui fait accélérer sa course. Il se sert également de ses pattes antérieures pour assurer son équilibre quand il s'arrête, la tête et le cou légèrement soulevés, un objet quelconque ayant attiré son attention. »

Sa tête est d'un brun olivâtre, lavé de bandes longitudinales grises effacées. Tout le dessus du dos et de la queue, et une partie des flancs, sont agréablement rayés de brun noir sur un fond jaune roux. Le dessous de la gorge, du ventre et de la queue est d'un blanc grisâtre uniforme.

C'est un des reptiles qui ont donné naissance aux fables et aux préjugés les plus invraisemblables : les paysans l'accusent de faire mourir les bœufs qui l'avalent en paissant; on a prétendu qu'il s'introduisait dans la bouche des dormeurs et causait dans leur intérieur des ravages effroyables. Sa queue très pointue a même été considérée comme un dard meurtrier. Il est inutile de dire que ces fables ne reposent sur aucun fondement et que le Seps est un animal inoffensif.

Il a environ 0 m. 40 de longueur et est vivipare. Le nombre des petits est de quinze environ.

Le Seps Chalcide vit d'insectes, d'araignées, de vers, de petits mollusques; il recherche les prairies, les endroits chauds et herbeux. Les petits Mammifères, les Oiseaux de proie, les Corbeaux et même les Poules lui font une guerre acharnée.

Il habite nos départements méridionaux où il est assez commun, mais il ne semble pas remonter au delà de la Charente-Inférieure,

Genre Anguis (Lin.), Orvet

Le genre *Anguis* a pour caractères des narines latérales s'ouvrant chacune dans une seule plaque, un corps cylindrique, dépourvu de pattes et ayant la forme des Serpents, un museau conique, une queue cylindrique, des écailles lisses. Ce genre n'est composé que d'une seule espèce.

Orvet fragile (*Anguis fragilis*. Dum. et Bibr.).

On ne peut se faire une idée plus exacte de l'Orvet qu'en le comparant par la pensée au Seps Chalcide que nous venons de décrire en supprimant les pattes que l'Orvet ne possède pas.

Ce Saurien ressemble beaucoup à un petit Serpent et

est, en résumé, un Lézard sans pattes. Sa tête est conique, arrondie en avant; sa queue, courte et obtuse, se termine en une pointe conique et d'une telle fragilité qu'elle a fait donner à cet animal les noms d'*Orvet fragile* et de *Serpent de verre*. Ses yeux sont petits, peu saillants; le cou est à peu près de la grosseur de la tête. Sa taille, toujours plus grande chez le mâle que chez la femelle, varie de 0 m. 25 à 0 m. 50. Sa coloration est assez variable selon l'âge des individus : le dos est gris

Orvet fragile.

blanchâtre ou roussâtre; sur le ventre qui est d'un blanc gris on aperçoit des rangées de points brun-noir ses flancs sont mouchetés de points d'un roux foncé. Lorsque les Orvets sont vieux, ils ont une coloration d'un gris-cendré à peu près uniforme.

Ce reptile, très répandu dans toute la France, y est connu sous des dénominations nombreuses : *Anvin, Anvronais, Lanveau, Sourd, Borgne, Serpent aveugle, Nielle*, etc... Il est le sujet de fables et de préjugés ridicules; on le rend responsable d'une foule d'accidents : il cause l'enflure des bestiaux, mord cruellement avec ses dents et produit avec sa queue des piqûres dangereuses. Hâtons-nous de dire que c'est, au contraire, un animal inoffensif qu'on peut manier sans le moindre danger.

« Il fuit timidement lorsqu'on l'attaque. Toutefois, quand il est fortement irrité, il se redresse et se donne un air de serpent dangereux, mais il cherche peu à se défendre de ses dents, elles sont trop faibles et sa bouche est trop petite pour qu'il puisse blesser. » (Viaud-Grandmarais.)

L'Orvet recherche les localités sèches, herbeuses ou pierreuses ; on le rencontre aussi dans les bois sous la mousse et dans les prés où il cherche sa nourriture qui se compose d'insectes, de vers et de limaçons ; il boit souvent et de la même manière que les Lézards.

« Quoique dépourvu de pattes, il se creuse des galeries souterraines assez profondes, forant tantôt avec la tête, tantôt avec la queue, toutes deux également coniques. L'accouplement a lieu quelques jours après le réveil, et à une époque variable avec les conditions, de la fin de mars au commencement de mai. La femelle met au monde, sous terre, en août ou même seulement en septembre, de 8 à 14 petits qui déchirent leur enveloppe au moment même où ils viennent d'être pondus. » (Fatio.)

L'Orvet est donc *ovovivipare*. Il est très sociable et, à l'entrée de l'hiver, il se renferme en compagnie de plusieurs de ses congénères dans des galeries qu'il ferme avec de la terre ou de la mousse.

Dépourvu de pattes, il progresse difficilement sur un sol uni ; il est obligé de ramper à la façon des Serpents ;

mais il est moins agile qu'eux à cause du peu de relief de ses écailles et est forcé de s'accrocher aux moindres aspérités en y appuyant l'extrémité de sa queue pour se pousser en avant.

Cet animal mue dans le courant de juillet et sa mue présente cette particularité que la peau se détache par lambeaux comme celle des Lézards, et non d'une seule pièce, comme cela a lieu chez les Serpents.

L'orvet fragile habite toute l'Europe; il est très commun en France et on l'a rencontré dans les Alpes de la Suisse à une altitude de 2,000 mètres au-dessus de la mer !

ORDRE III. — OPHIDIENS

Les Ophidiens ou Serpents ont le corps allongé, arrondi, étroit, sans pattes ni nageoires; la bouche est garnie de dents pointues, la mâchoire inférieure a des branches dilatables et plus longues que le crâne. La peau est coriace, extensible, recouverte d'un épiderme caduc, d'une seule pièce.

Ces Reptiles sont répandus sur tout le globe et vivent dans les milieux les plus variés : dans les eaux ou sur la terre, nageant ou rampant, suivant leur nature.

Plusieurs espèces sont extrêmement dangereuses et leur venin est mortel pour l'homme et les animaux: les *Najas*, les *Trigonocéphales*, les *Crotales*, etc. Fort heureusement aucune de ces espèces ne vit en France.

Quelques Ophidiens sont *ovovivipares*, la plupart sont

ovipares ; leurs petits ne subissent aucune métamorphose.

Les Serpents ont été, dès la plus haute antiquité, le sujet de fables qui n'ont d'autre origine que l'amour du merveilleux :

« Dès les temps les plus reculés les Serpents ont joué un grand rôle dans les légendes de tous pays, et ce n'est pas sans luttes que la science a, petit à petit, éliminé diverses croyances populaires aussi absurdes qu'invétérées. L'espèce de répugnance qu'éprouvent beaucoup de gens à la vue subite d'un Serpent a toujours fait de ce reptile un sujet de terreur irréfléchie. La peur a non seulement prêté à cet objet d'effroi les formes les plus extraordinaires, des couronnes, des cornes, des pattes, des ailes, etc., mais encore elle a étendu à toutes les espèces inoffensives la malédiction que ne méritaient, jusqu'à un certain point, que les espèces venimeuses. Je ne prendrai pas la peine de relever ici toutes les fables qui ont été contées et accréditées, en divers lieux, sur des Serpents qui s'introduisaient dans le corps de personnes endormies, tétaient les Vaches et les Chèvres, asphyxiaient par leur simple regard, ou encore exécutaient mille autres manœuvres qui n'ont pas plus besoin de réfutation que ces premières.

« L'influence, pour ainsi dire magnétique, que l'on attribue généralement à la musique sur les Serpents, ne paraît pas plus confirmée que celle que le regard du reptile devrait exercer sur sa proie. Les concerts variés que Lenz a donnés aux diverses espèces qu'il étudiait en captivité ne lui ont jamais permis de voir

chez ces animaux la moindre indication de percep-
tion ou de sensation quelconque. La crédulité des
gens a été, sur ce point comme sur tant d'autres,
largement exploitée par les jongleurs et les charmeurs
de tous pays.

« Je pourrais citer encore un grand nombre de fables
toutes plus ou moins répandues et accréditées ; mais
je n'en finirais pas si je voulais relever toutes les idées
erronées que des gens, plus remplis d'imagination que
de courage, se plaisent à publier, le plus souvent pour
s'excuser de leur couardise ou pour masquer leur
ignorance. » (Fatio.)

En résumé les Ophidiens ne sont pas aussi dangereux
qu'on veut bien le croire, et en France, à l'exception
des Vipères, dont nous parlerons plus loin, nous
n'avons rien à redouter de nos Serpents.

Le mode de locomotion chez ces animaux est la
reptation : le serpent rampe grâce à la conformation de
ses nombreuses côtes qui ne sont articulées qu'avec
les vertèbres et qui sont libres à leur extrémité ; il
progresse par des ondulations latérales, en contractant certains muscles intercostaux, de manière à décrire
une courbe plus ou moins prononcée. Tout en main-
tenant sa tête élevée et horizontale, il s'aide des iné-
galités du terrain, des herbes, de toutes les aspérités
qu'il peut rencontrer ; aussi avance-t-il difficilement
sur un sol uni. Lorsqu'on laisse filer un Serpent entre
les mains, on sent parfaitement le redressement des
écailles du ventre. Dans l'eau il nage de la même
manière qu'il rampe sur la terre.

La langue des Serpents est longue, mince, fendue en

avant en deux parties effilées et recouvertes d'une substance cornée; elle est enveloppée d'un fourreau d'où elle peut être dardée au loin, lorsque la bouche est fermée, à travers un échancrure qui se trouve à l'extrémité du museau. Cette langue est plutôt un organe de tact que de goût. Beaucoup de gens croient que le Serpent s'en sert pour *piquer;* c'est encore une erreur grossière : cette langue, étant souple et molle, ne peut être employée à un pareil usage; elle est, en réalité, un organe de tact pour tâter les corps dont il veut reconnaître la nature et les propriétés. « En outre, dit Fatio, le mouvement de sa langue exprime tous les sentiments qu'il ressent dans diverses circonstances. Tous ses instincts et toutes ses passions se traduisent par un mouvement de cet organe, d'autant plus prompt que les impressions sont plus violentes, et d'autant plus lent que l'animal est plus insensible, engourdi ou malade. Aux expressions de la langue se joint, suivant le cas, et particulièrement dans la colère, une sorte de petit sifflement strident et prolongé, produit probablement par la sortie rapide de l'air chassé au travers de l'encoche rostrale. »

Les mâchoires des Serpents ont une conformation très curieuse : la mâchoire inférieure est agencée de telle sorte qu'elle peut donner, suivant le cas, une plus ou moins grande extension à la bouche et lui permettre d'engloutir des proies démesurées relativement à la tête du reptile. Les deux branches de la mâchoire inférieure ne sont ni soudées entre elles, ni articulées sur le crâne; elle jouent à l'extrémité d'un os particulier, mobile et plus ou moins allongé, auquel on a donné le nom *d'os tympanique*. Les dents, en forme de crochets, sont inclinées et recourbées en arrière et disposées différemment selon les espèces. Les Serpents non venimeux ont les dents nombreuses ; chez les Serpents venimeux, tels que les Vipères, les dents de la mâchoire supérieure ne sont pas disposées pour saisir la proie, mais pour la tuer en lui inoculant le venin dans les chairs.

Le mode qu'emploient les Ophidiens pour s'emparer de leur proie et l'avaler diffère également selon les espèces : les Serpents venimeux, lorsqu'ils aperçoivent une proie, redressent la tête, ouvrent la bouche de manière à abaisser la mâchoire inférieure, en même temps qu'ils relèvent la mâchoire supérieure, de telle sorte que les crochets sont merveilleusement disposés pour frapper ; « avec la promptitude d'un ressort qui se détend, le reptile se lance en avant et frappe sa victime. La blessure faite, le Serpent se retire en arrière, replie sa tête et reste tout prêt à frapper de nouveau. L'animal blessé tombe sur le sol, tellement rapide est l'action du venin, et meurt après un temps généralement très court ; il est, en tous cas, immédiatement frappé de paralysie, de telle sorte qu'il ne peut fuir ; la proie morte, le Serpent s'en empare et la déglutit. » (Brehm.)

Presque tous les Serpents non venimeux avalent leur proie encore vivante. En résumé les divers Serpents sont carnassiers et avalent leur proie sans la mâcher, toute vivante, étouffée ou tuée par le venin. Nous parlerons des glandes qui sécrètent ce terrible poison dans un chapitre spécial consacré aux serpents venimeux.

Lorsque les Ophidiens saisissent une proie, elle est engloutie la tête la première et arrosée d'une salive abondante ; retenue par les dents recourbées du reptile, elle s'engage petit à petit dans sa gueule distendue et sous l'influence de contractions musculaires descend lentement dans l'estomac où elle forme un renflement volumineux. Le Serpent se trouve en se moment empêché dans ses mouvements et reste longtemps dans une immobilité complète.

Les Ophidiens passent l'hiver en léthargie dans des trous ou dans des galeries souterraines, souvent groupés en nombreuse société et enroulés ensemble. Ils sortent de leurs retraites dès les premiers jours du printemps.

Leur nourriture consiste en petits animaux : Souris, Mulots, Oiseaux, Lézards, Grenouilles, etc... « Une Vipère blottie immobile attendra patiemment que la Souris ou l'Oiseau qu'elle convoite vienne passer à sa portée et, projetant brusquement la tête sur sa proie, elle la mordra pour suivre ensuite les progrès rapides de l'empoisonnement qu'elle vient de consommer. Une Couleuvre, plus alerte, surprendra ou poursuivra, sur la terre ou dans les eaux, les proies variées que lui offrent ces deux éléments, qui lui sont également familiers. Grimpant adroitement dans les buissons, elle guettera, par exemple, le nid d'un Passereau, ou nageant silencieusement dans quelque mare, elle hapera tout à coup une pauvre Grenouille qui ne l'a pas entendue approcher subrepticement derrière elle ; quelquefois encore, se glissant sous les pierres, au fond des eaux, elle attrapera lestement des Chabots ou d'autres petits poissons. » (Fatio.)

Nous avons déjà dit que les Ophidiens vivaient dans des milieux très variés : on les trouve généralement dans les lieux les plus déserts, loin du voisinage de l'Homme, et ce n'est qu'exceptionnellement qu'ils s'introduisent dans les habitations. Nos Serpents inoffensifs sont diurnes et se retirent dans leurs gîtes à la tombée de la nuit ; les Serpents venimeux, au contraire, sont presque tous nocturnes ; ce qui ne les empêche pas de sortir le jour, surtout dans les belles journées d'été, pour jouir des rayons du soleil.

Indépendamment de l'Homme qui leur fait une guerre acharnée, les Serpents ont encore de nombreux ennemis : parmi les Mammifères, il faut citer les Chats, les Chiens, les Fouines, le Putois, le Hérisson, le Cochon, etc.; parmi les Oiseaux, les Rapaces diurnes et nocturnes, les Corbeaux, les Pies, les Hérons, les Canards, etc...

Presque tous les serpents pondent des œufs ; quelques-uns, tels que la Vipère, sont *ovovivipares*, c'est-à-dire que les petits éclosent dans le ventre de la mère. Ces œufs n'ont pas de consistance et sont recouverts d'une coque parcheminée. On trouve parfois dans une même coque deux germes d'où peuvent sortir des embryons soudés ensemble. On paraît avoir attaché autrefois trop d'importance à ces monstruosités qui se rencontrent chez d'autres animaux.

Les jeunes Serpents, à leur naissance, sont trop faibles pour se nourrir de vertébrés et mangent d'abord des Vers, des Insectes et des Mollusques.

La mue chez les Serpents présente une particularité remarquable : elle commence par les lèvres, l'épiderme se détachant en bloc et d'une seule pièce ; la peau forme deux déchirures l'une à la partie supérieure de la tête, l'autre à la mâchoire inférieure. On peut dire que le serpent quitte sa peau comme on se dépouillerait d'un vêtement et on trouve fréquemment dans la campagne ces fourreaux qui ont conservé la forme exacte du reptile. Cette mue se renouvelle plusieurs fois pendant le courant de l'été.

La classification rationnelle des Ophidiens est des plus difficiles et celle de Duméril et Bibron, basée sur la connaissance de la dentition, est généralement adoptée; mais elle nous a paru encore trop compliquée pour convenir au plan de cet ouvrage. Tout en conservant quelques ordres et familles créés par les illustres auteurs de l'*Erpétologie générale*, nous adoptons pour nos Serpents la classification suivante :

1° Serpents non dangereux pour l'homme :

Ordre I. — AGLYPHODONTES.

3 familles : *Isodonliens.*
Syncranthériens.
Diacranlériens.

Ordre II. — OPISTOGLYPHES.

1 famille : *Psammophidies.*

2° Serpents venimeux :

Ordre des SOLÉNOGLYPHES.

1 famille : *Vipériens.*

SERPENTS NON DANGEREUX POUR L'HOMME

ORDRE I. — AGLYPHODONTES

Les Aglyphodontes (à dents sans sillon) sont ainsi nommés parce qu'ils sont caractérisés par leurs mâchoires pourvues de dents constamment fixes, coniques, recourbées et lisses, *sans canal ni rainure*, par leurs formes élancées, par leur tête qui est elliptique, au lieu d'être renflée en arrière comme celle des Serpents venimeux.

Cet ordre ne renferme que des espèces inoffensives et embrasse plus de la moitié des Serpents connus. Ses représentants sont désignés sous le nom général de *Couleuvres*, on les nomme aussi serpents *Colubriformes* et *Colubridés*.

FAMILLE DES ISODONTIENS

Cette famille est composée de Serpents dont toutes les dents sont semblables entre elles et disposées à distances égales. Les diverses espèces de cette famille présentent néanmoins des formes et des mœurs assez variées ; elles vivent aussi dans des milieux très différents, les unes sur les arbres, d'autres dans les prairies ou dans le voisinage des eaux.

Deux genres seulement représentent cette famille en France :

Genre Rhinechis (Micha.), **Rhinechis**

Ce genre, établi par Michachelles, ne comprend

1

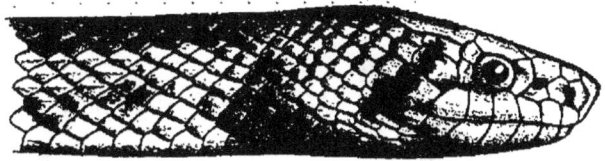

2

3

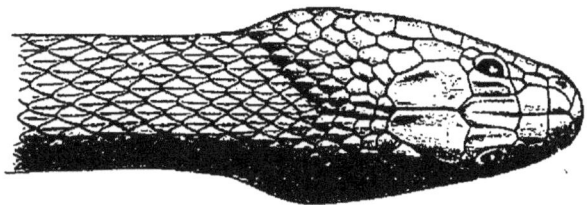

5

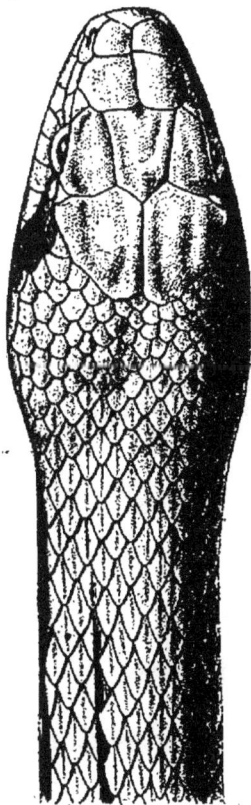

4

6

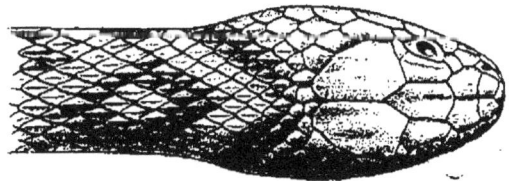

7

8

qu'une seule espèce, à corps cylindrique, à queue courte et conique, à tête peu distincte du tronc, à museau pointu terminé par une saillie, de telle sorte que la mâchoire supérieure dépasse l'inférieure :

Rhinechis à échelons (*Rhinechis scalaris* Bonap.).

Cette espèce (fig. 1, 2, p. 80) a sur le dos et la queue deux longues bandes noires réunies par des bandes transversales placées à intervalles égaux ; cet ensemble représente assez exactement les barreaux d'une échelle et lui a fait donner le nom de *Couleuvre à échelons*. La coloration générale du corps est roussâtre ; le dessous du corps est blanc jaunâtre avec des taches d'un gris-noir.

Ce reptile, qui atteint un mètre de longueur, vit dans les lieux arides et bien exposés au soleil ; on le rencontre quelquefois dans les dunes, dans le voisinage de la mer. Il se nourrit de Rongeurs et d'Oiseaux ; il est redouté pour la chasse qu'il fait aux Oiseaux utiles et passe pour détruire les nichées de Perdreaux.

Très irascible, il se jette sur la main qui veut le saisir, mord avec rage et se replie ensuite pour se mettre de nouveau sur la défensive, comme font les Serpents venimeux.

Il n'habite que le Midi de la France, où il est assez commun, principalement aux environs de Montpellier, de Toulon et de Nice.

Genre Elaphis (Dum. et Bibr.), Elaphe

Duméril et Bibron ont réuni dans ce genre des Couleuvres dont le corps est le plus souvent cylindrique,

6

parfois un peu comprimé, la tête peu distincte du tronc, toutes les dents d'égale longueur.

Ce genre est représenté en France par deux espèces :

Elaphe ou **Couleuvre d'Esculape** (*Elaphis Œsculapii*. Host.)

Cette couleuvre (V. p. 31) a le corps allongé, peu volumineux, la queue longue et déliée ; les écailles de la partie antérieure du corps sont lisses, celles de la partie postérieure portent une légère carène.

On a donné à ce reptile le nom de *Couleuvre d'Esculape* parce qu'on admet généralement que cette espèce est le Serpent d'Épidaure, si vénéré dans l'antiquité qui ornait le bâton d'Esculape. Il atteint fréquemment 1 m. 60 de longueur ; sa coloration est brune-olivâtre ; les flancs sont pointillés de blanc ; le ventre est d'un blanc verdâtre.

La Couleuvre d'Esculape se plaît dans les endroits rocheux et couverts de broussailles ; elle recherche les troncs d'arbres et les branches autour desquelles elle peut s'enrouler. « Dans une épaisse forêt, elle passe facilement d'un arbre sur un autre et parcourt souvent ainsi de grandes distances, en cheminant de branche en branche. Le long d'un mur, ce Serpent grimpe avec une agilité surprenante, car il sait profiter de la moindre saillie, de la plus petite aspérité avec une adresse remarquable. » (Brehm.)

C'est grâce à cette faculté de pouvoir grimper sur les arbres qu'il s'empare très souvent de petits Oiseaux et détruit leurs nids. Il se nourrit également de petits Rongeurs, de Lézards et de Grenouilles. La femelle pond généralement de 12 à 20 œufs.

Ce Serpent est très familier et s'habitue très facilement à la captivité.

La Couleuvre d'Esculape habite le Midi de la France;
elle remonte vers le nord et a été trouvée par Millet
dans le département de Maine-et-Loire. A Fontainebleau
on la rencontre au milieu des buissons poussant dans
les terrains les plus pierreux et les plus arides.

Elaphe à quatre raies (*Elaphis quater-
radiatus*. Gmel.).

Cet Ophidien (fig. 3-4, p. 80) est un des plus grands
Serpents d'Europe et atteint fréquemment une longueur
de deux mètres. Sa tête est légèrement élargie près des
tempes ; sa queue est très effilée. Son corps, d'une coloration brune-jaunâtre, est sillonné dans toute sa longueur par quatre raies brunes ou noires, deux sur
chaque flanc, et parallèles entre elles. La tête est brune,
avec deux lignes noires allant obliquement de l'œil à
l'angle de la bouche.

Cette Couleuvre habite dans les broussailles, au pied
des buissons; elle se nourrit de Taupes, de Rats, de
Souris, de Lézards et d'Oiseaux; on prétend même
qu'elle pénètre dans les poulaillers pour dévorer les
œufs des Poules. Absolument inoffensive, elle est très
douce et très sociable.

Elle n'habite que le Midi de la France où elle est
assez rare. Lataste ne l'a pas trouvée dans la Gironde,
quoique Millet dise l'avoir rencontrée dans le département de Maine-et-Loire.

FAMILLE DES SYNCRANTÉRIENS

Dans cette famille les Serpents ont toutes les dents

lisses, distribuées sur une seule ligne, mais avec les dernières plus longues, sans intervalle libre au devant d'elles. Ces Reptiles ont, suivant les genres, des mœurs très variées : les uns grimpent sur les arbres, les autres habitent le voisinage des eaux, d'autres enfin recherchent les lieux secs et arides.

Cette famille est représentée en France par deux genres :

Genre Tropidonotus (Dum. et Bibr.), Tropidonote

Les animaux de ce genre ont les mâchoires longues, les crochets de la mâchoire supérieure formant une série longitudinale continue ; les écailles du dos, et le plus souvent celles des flancs portent une ligne saillante ou une sorte de carène. La tête est aplatie en dessus, plus ou moins élargie en arrière ; la queue est moyenne et assez effilée.

Les Tropidonotes habitent le voisinage des eaux et peuvent nager avec agilité.

On en trouve en France trois espèces :

Tropidonote à collier (*Tropidonotus natrix.* Dum. et Bibr.).

Ce Serpent est le véritable type de nos Couleuvres ; c'est aussi l'espèce la plus commune et la plus répandue en France. Elle a la tête large ; le museau obtus, la queue assez courte, conique, arrondie et médiocrement effilée.

Cette Couleuvre est surtout caractérisée par deux taches triangulaires d'un noir profond, généralement placées derrière un collier de couleur claire sur la nuque. Ce collier, jaune-pâle ou orangé, quelquefois

rougeâtre, a fait donner à ce Serpent le nom de *Couleuvre à collier*. Le dessus de la tête est brun roux; le dos et les flancs ont une teinte verdâtre et présentent quatre séries longitudinales de taches brunes de forme irrégulière. Le dessous du corps est d'un noir bleuâtre ou verdâtre.

Le Tropidonote à collier recherche les prairies humides, les bois ombragés et marécageux, le bord des fossés. Il s'établit souvent près des habitations, surtout pendant la mauvaise saison, s'introduit dans la paille ou dans le fumier et s'y creuse une galerie pour hiverner.

Cette Couleuvre va facilement à l'eau et peut traverser à la nage un étang ou un bras de rivière. Elle plonge également lorsqu'elle est poursuivie ou qu'elle veut atteindre une proie. Elle se nourrit d'Oiseaux, de petits Mammifères et surtout de Batraciens; elle semble préférer à tout le Crapaud commun et la Grenouille rousse; elle dévore aussi les Tritons.

« Par quelque point qu'une Grenouille ait été saisie à l'aide des dents aiguës de la Couleuvre, que ce soit par une des pattes de devant ou de derrière, la Grenouille est un animal perdu. Le pauvre Batracien se débat, mais en vain; il fait parfois des efforts tels que la Couleuvre est entraînée, il faut que la proie soit bien grosse pour ne pas être déglutie et c'est réellement un spectacle pénible que de voir la Grenouille, bien vivante, avancer lentement, mais sûrement dans la gueule de son inexorable ennemi. Lorsqu'elle est effrayée, la Couleuvre vomit sa proie et nous avons plusieurs fois vu un Crapaud ou une Grenouille tout

récemment déglutis sortir pleins de vie et se mettre
à courir et à sauter comme s'il ne leur était rien arrivé
de fâcheux. » (Brehm.)

Cette espèce, que l'on nomme dans certaines parties
de la France *Couleuvre des dames* et *Serp* en patois, est
une de celles dont l'hibernation dure le moins longtemps : on la rencontre encore par les belles journées
de novembre et elle reparaît dès les premiers jours de
mars.

Elle dépose ses œufs, au nombre de 9 à 15, dans les
tas de fumier, dans les étables, partout où elle trouve
réunies la chaleur et l'humidité nécessaires à leur
développement. Ces œufs ressemblent à des œufs de
pigeon, mais en diffèrent par leur coque molle et parcheminée ; ils sont reliés entre eux par une matière gé-
latineuse et sont disposés comme les grains d'un
collier.

Plus que tous les autres Serpents, la Couleuvre à
collier a été le sujet de fables ridicules : nous avons dit
qu'elle s'introduisait dans les habitations et dans les
étables aux époques de la ponte et de l'hibernation. On
a prétendu que, très avide de lait, elle ne pénétrait
dans ces lieux que pour téter les Vaches ; on l'aurait
souvent trouvée enroulée autour des jambes des Vaches
et des Chèvres pour les traire, les épuisant au point de
faire couler le sang : chez les animaux traits ainsi le
lait se tarissait et prenait une teinte bleue tant que la
bête qui le fournissait servait de nourrice au Serpent.

« Dépourvue de lèvres charnues, dit Fatio, la bouche
de nos Serpents est incapable d'envelopper suffisamment le pis de la Vache ou de la Chèvre pour en extraire

le lait. Du reste les dents de l'Ophidien, recourbées en arrière, pourraient difficilement lâcher prise après un écartement nécessairement aussi grand des deux mâchoires, et la bête tétée ferait certainement de belles ruades au sentiment des nombreuses piqûres produites par ces petits crochets acérés sur des parties aussi délicates. »

On a prétendu aussi que cette Couleuvre s'introduisait par la bouche dans le corps des paysans qui dormaient étendus sur l'herbe et que, pour l'en faire sortir, on profitait de son goût pour le lait en l'attirant par la vapeur du lait bouilli que l'on approchait de la bouche de celui dans le corps duquel elle s'était glissée. Il est superflu d'insister sur l'absurdité de pareils contes.

Le Tropidonote à collier est le plus inoffensif de nos Serpents et peut être conservé facilement en captivité ; c'est à peine s'il cherche à mordre la main qui le saisit ; son seul moyen de défense consiste à lancer par l'anus un liquide visqueux qui répand une odeur répugnante.

Cette espèce est très commune en France et toutes les faunes locales la mentionnent.

Tropidonote vipérin (*Tropidonotus viperinus.* Dum. et Bibr.).

Cette Couleuvre (fig. 7-8, p. 80) doit son nom à sa ressemblance avec la Vipère, ressemblance si grande qu'elle causa à M. Dumeril une méprise funeste : ce savant professeur d'Herpétologie saisit imprudemment dans la forêt de Sénart une *Vipère berus* en croyant s'emparer d'une Couleuvre vipérine.

La tête de ce Serpent est moins large en arrière et un peu plus conique en avant que celle du Tropidonote à collier; le cou est moins brusquement accentué; les plaques céphaliques couvrent à peine les trois quarts de la longueur de la tête. « Lorsque l'animal veut mordre ou qu'il est irrité, cette tête longue et étroite change subitement de proportions : les muscles de la joue se contractent et deviennent saillants, les os tympaniques s'écartent fortement à droite et à gauche, et alors elle se présente large en arrière et échancrée en cœur de carte à jouer, comme la tête de la Vipère. » (Lataste.)

Sa coloration est tellement variable que l'on ne peut trouver deux individus exactement semblables; on remarque généralement sur la ligne médiane du dos une série de taches brunes ou noirâtres, soit contiguës, soit disposées en zigzag, comme chez la Vipère; une autre série de taches brunes existe sur le milieu des flancs; la joue est traversée obliquement par une large bande jaunâtre qui vient se réunir entre les deux yeux avec la bande du côté opposé; deux bandes jaunes bordent ces taches en forme de V renversé, séparées entre elles par des bandes jaunâtres. Le dessous du corps est jaune plus ou moins couvert de taches d'un noir bleuâtre, disposées en séries assez régulières. Les écailles sont fortement imbriquées et très nettement carénées. Les mâles ont ordinairement le corps plus délié, la queue plus longue que les femelles.

La Couleuvre vipérine, dont la longueur dépasse rarement un mètre, se rencontre quelquefois dans les champs, au bord des fossés. Elle est essentiellement aquatique et recherche les mares remplies de nénuphars et d'autres plantes d'eau, où elle est difficile à capturer.

« Une mare sur laquelle vous n'apercevez rien en contiendra quelquefois une quantité prodigieuse. J'avais vu plusieurs Couleuvres rentrer prestement dans leurs trous à mon aspect et je n'avais pu en prendre aucune, quand j'eus l'idée de m'arrêter auprès d'une petite mare voisine. Je me cachai derrière un tronc d'arbres et j'attendis immobile. Au bout de quelques instants, la mare m'apparaissait couverte de têtes de Serpents fort éveillées, allant et venant dans tous les sens. Au moindre mouvement de ma part toutes ces têtes disparaissaient subitement sous l'eau et restaient plus ou moins longtemps à reparaître. Quelquefois une Vipérine, m'apercevant immobile, s'arrêtait, reposait sa tête sur une feuille de nénuphar et me regardait longtemps, puis, satisfaite de son examen, elle reprenait sa promenade. Plusieurs vinrent passer à mes pieds, j'étais armé d'une canne, j'essayais de les frapper tout d'un coup quand elles étaient bien à portée, mais leur fuite était si rapide que je n'en pus atteindre qu'une seule. Bien souvent, depuis, j'ai vu des Couleuvres de cette espèce plonger à mon approche ; j'en ai vu plusieurs fois ramper au fond de l'eau et j'en ai même saisi avec la main, quand l'eau était peu profonde et quand une température moins élevée paralysait un peu leur activité. » (Lataste.)

La Vipérine se nourrit de Grenouilles, de petits Poissons, d'Insectes, de Vers et ne dédaigne pas les petits Mammifères et les Oiseaux qui passent à sa portée. Très sociable, elle vit toujours en compagnie nombreuse de ses congénères. La femelle pond de 15 à 20 œufs, semblables à ceux du Tropidonote à collier, mais un peu plus allongés. Elle dépose ses œufs, de la fin de mai au commencement de juillet, dans un endroit chaud et humide, sous la mousse ou entre les pierres, ou encore à une petite profondeur sous la terre meuble au bord de l'eau.

Cette couleuvre hiverne dans la vase, dans les vieux troncs d'arbres ; elle est inoffensive et lorsqu'elle cherche à mordre, c'est tout au plus si elle produit sur la main qui la saisit des égratignures sans danger. Toutefois, sa grande ressemblance avec la Vipère doit rendre prudent lorsqu'on veut s'emparer d'elle ; on peut toujours la reconnaître, même à une certaine distance, à ses formes un peu moins ramassées, aux taches en damier de son ventre et surtout aux plaques céphaliques qui recouvrent sa tête.

Cette espèce, moins répandue que la Couleuvre à collier, est très commune dans certaines parties de la France, principalement dans le Sud et le Sud-Ouest ; dans le département de l'Hérault on la rencontre fréquemment dans les pierres au bord de la petite rivière de l'Orbe.

Le Tropidonote Chersoïde (*Tropidonotus Chersoïdes*. Dum. et Bibr.) qui a été élevé par quelques auteurs au rang d'espèce, n'est, en réalité, qu'une variété de l'espèce précédente.

Cette Couleuvre à la tête plate, large en arrière, pentagonale. Le profil est remarquable par le proéminence de la lèvre supérieure ; le museau est arrondi, le cou bien plus étroit que la tête, le tronc assez effilé. « Il est aisé, dit Lataste, de ramener au même type le dessin de la robe du *Tropinodote Chersoïde* et celui du

Tropidonote vipérin. La série de taches ocellées des flancs, la double série des taches du dos, les taches quadrilatères du ventre peuvent se retrouver chez tous les deux. Chez le Tropidonote Chersoïde les taches du dos sont rembrunies, élargies, fondues ensemble ; celles des flancs se sont également foncées et agrandies et la bordure du dos, dépourvue de toutes taches obscures, s'est dessinée en une ligne jaune fort distincte sur un fond noir. Il ne me reste donc plus le moindre doute sur l'identité parfaite de ces deux prétendues espèces. »

Cette Couleuvre habite quelques localités du Sud et du Sud-Ouest de la France, mais elle est beaucoup plus rare que la Vipérine.

Tropidonote Tessellé (*Tropidonotus tessellatus.* Wagl.).

Cette espèce (fig. 5-6, p. 80) diffère du Tropidonote vipérin par sa tête plus petite, plus allongée, plus étroite en arrière et plus accuminée en avant, le cou est moins distinct, le tronc plus élancé, la queue un peu plus longue. Sa coloration est grise-verdâtre ou olivâtre en dessus, avec des taches noires alternantes sur le dos et un grand V renversé, plus ou moins apparent, sur la nuque. La coloration de cette espèce est, d'ailleurs, assez variable.

Cette Couleuvre, qui a été confondue avec la Vipérine habite le voisinage des eaux, dans les mares et les ruisseaux. Elle nage et plonge avec agilité. Sa nourriture consiste en Grenouilles, Tritons et petits Poissons. Leste et gracieuse dans tous ses mouvements, elle est complètement inoffensive.

Le Tropidonote tessellé n'habite que le Midi de la France où il est peu commun.

Genre Coronella (Laur.), Coronelle

Les représentants de ce genre ont les dents lisses, le tronc allongé; la tête plutôt petite, courte et assez peu distincte du cou est recouverte de grandes plaques céphaliques ordinairement au nombre de neuf; la queue est de moyenne longueur, conique et médiocrement effilée; le museau est arrondi et peu allongé.

Les Coronelles recherchent généralement les lieux secs et arides, les broussailles, les terrains rocailleux.

Deux espèces appartiennent à la Faune française :

Coronelle lisse (*Coronella lœvis*, Lacép. *Coronella Austriaca*, Lam.)

Cette Couleuvre a la tête courte et légèrement élargie en arrière, le cou peu rétréci. Sa coloration, assez variable suivant les individus, est généralement rousse ou olivâtre à reflets brillants sur tout le dessus du corps, avec des marbrures noirâtres formant deux séries longitudinales et parallèles ; une ligne de couleur foncée, partant de la narine, passe au-dessus de l'œil et va rejoindre les points noirs qui se trouvent le long des flancs. Le dessus de la tête est orné de points noirs très rapprochés les uns des autres; deux larges taches brunes se remarquent sur les pariétales. Le dessous du corps est jaune, lavé de gris, avec des taches et des points bruns plus ou moins apparents et mal définis ; le ventre est parfois presque noir. Les yeux sont petits et enfoncés, avec l'iris jaune dans sa partie supérieure, brunâtre dans sa moitié inférieure.

La Coronelle lisse atteint de 0 m. 60 à 0 m. 70 de longueur. On la trouve rarement dans les terrains hu-

mides ; elle préfère les lieux arides, les champs rocailleux.

« Souvent on la rencontre traversant la poussière des chemins à la chasse des Lézards et des Orvets qui constituent sa principale nourriture et qu'elle tue en les étreignant entre ses replis musculeux. Elle avale quelquefois des Insectes ; par contre, elle prend beaucoup plus rarement de petits Mammifères à cause de l'extension trop faible de sa cavité buccale qui limite forcément le volume de ses proies. » (Fatio.)

Cette espèce est ovovivipare et fait annuellement de 10 à 12 petits qui, généralement, brisent la coque de l'œuf aussitôt qu'ils sont pondus, mais devancent quelquefois ce moment et sortent vivants du corps de leur mère.

La Coronelle lisse hiverne en automne dans des galeries souterraines, d'où elle sort d'assez bonne heure au printemps. Très irascible, elle cherche à mordre avec fureur lorsqu'on veut la saisir, mais sa morsure est sans danger.

Son caractère hargneux et la ressemblance qu'elle offre de loin avec la Vipère sont cause de la guerre acharnée que lui font les habitants de la campagne qui la considèrent à tort comme un serpent venimeux.

Elle habite une partie de l'Europe moyenne et méridionale et dans les Alpes elle monte jusqu'à l'altitude de 1.200 mètres ; on la rencontre dans une partie de la France et elle a été signalée dans les départements de la Gironde, de la Charente-Inférieure, de la Vienne, de Maine-et-Loire, de l'Yonne et du Jura.

Coronelle Bordelaise (*Coronella Girundica.* Dum. et Bib.).

Cette espèce, très voisine de la précédente, en diffère par certains caractères : sa tête est petite, elliptique ; le museau est arrondi, tronqué obliquement de haut en bas et d'avant en arrière. Le tronc est recouvert de vingt et une rangées d'écailles, au lieu de dix-neuf chez la Coronelle lisse. Sa queue est courte, diminuant rapidement de diamètre.

« La tête est d'un gris-roux pâle, tout semé de petits points très rapprochés et présente, vue obliquement, des reflets irisés bleuâtres : le bout du museau est taché de noir. Une ligne assez nette, noire, forme un arc à concavité postérieure, en passant d'un œil à l'autre ; cet arc se continue en arrière de l'œil par un trait oblique, il se poursuit tout le long des flancs par une série de taches brunes, effacées, peu perceptibles. Deux autres traits se voient encore sur les côtés de la nuque et le haut du cou et se continuent sur le haut du corps par deux séries parallèles et juxtaposées de taches quadrilatères ; ces taches, tantôt, arrivant au même niveau, forment des bandes transversales, tantôt alternent entre elles, figurant quelquefois la ligne sinueuse du dos de la Vipère. Chaque écaille du dos, sur un fond gris perle, présente un semis de petits points noirs et de points rouges brillants et comme saillants. Si les points rouges dominent, ce qui arrive fréquemment, la teinte générale est rougeâtre, ce qui a valu à l'espèce le nom de *Coluber rubens* (Gachet). Si les points sont noirs, la teinte générale est grisâtre. » (Lataste.)

La Coronelle Bordelaise atteint de 0 m. 50 à 0 m. 80

de longueur; ses mœurs sont celles de la Coronelle lisse. On prétend qu'elle exhale une odeur de poisson très désagréable, surtout quand on l'inquiète ou qu'elle est exposée aux ardeurs du soleil. Complètement inoffensive, elle est encore une victime des habitants de la campagne qui, à cause de sa coloration, la confondent avec la variété rouge de la Vipère.

Elle habite le Midi de la France, mais ne remonte guère plus haut que la Charente-Inférieure.

FAMILLE DES DIACRANTÉRIENS

Cette famille diffère de la précédente en ce que tous les crochets sont lisses, les deux derniers plus longs et séparés de ceux qui les précèdent par un espace sans crochets. Les représentants de cette famille sont terrestres, arboricoles ou aquatiques.

Nous n'en possédons en France qu'un seul genre.

Genre Zamenis (Wagl.), Zaménis

Les Zaménis ont le corps allongé, cylindrique, la queue longue et très effilée, les écailles oblongues, lancéolées, lisses, nombreuses et toutes semblables.

La tête est oblongue, carrée, avec des plaques sourcillières saillantes au-dessus de l'orbite; l'écusson central est étroit.

Ces Ophidiens recherchent les lieux secs; très agiles, ils grimpent facilement aux arbres et se nourrissent de Reptiles, de petits Mammifères et mêmes d'Oiseaux. Ce genre n'est représenté en France que par une seule espèce :

Zaménis vert-jaune (*Zamenis viridiflavus.* Dum. et Bib.).

Dans cette espèce (fig. 1-2, p. 99), la tête est oblongue, relativement peu élargie en arrière et de forme assez anguleuse, très plane en dessus et à pans latéraux presque verticaux; la mâchoire inférieure est plus courte et plus arrondie en avant que l'antérieure; le museau est obtus et arrondi, le cou un peu plus étroit que la tête, l'œil grand et saillant; la paupière arrondie, un peu allongée horizontalement, est entourée d'un cercle jaune vif; le reste est brun et faiblement sablé de jaune. La queue est très effilée et mesure près du tiers de l'animal entier. La femelle est plus grande que le mâle et a les proportions un peu moins allongées.

Ce Zaménis, que l'on nomme généralement la *Verte et jaune*, atteint 1 m. 20 de longueur; c'est un des plus beaux Serpents d'Europe : le dos et les flancs sont d'un vert foncé avec le centre des écailles, en général, moucheté de jaune; on voit, en avant, quatre séries parallèles de grosses taches d'un brun foncé, disposées de telle façon que les taches brunes d'une série correspondent transversalement aux parties claires des deux séries voisines. Les taches jaunes des écailles sont fréquemment disposées en lignes longitudinales, d'autant plus nettes et plus nombreuses, qu'elles se rapprochent davantage de la queue, ce qui donne à l'animal un aspect rayé spécial à cette espèce. Le dessus de la tête est d'un noir bleuâtre, agréablement semé de lignes et de points jaunes; le dessous du corps est d'un blanc de porcelaine, à reflets légèrement verdâtres.

« C'est dans les lieux secs et rocailleux, couverts de

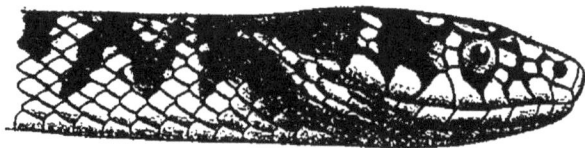

4

3

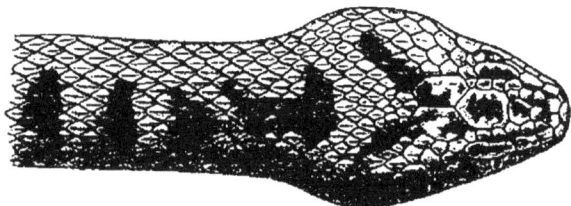

5

6

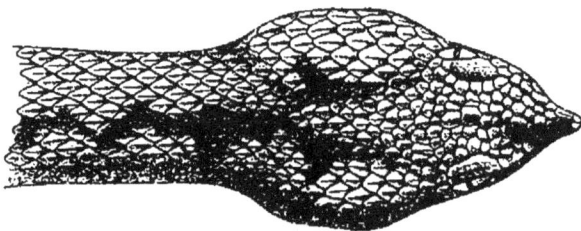

7

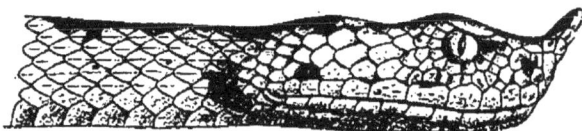

8

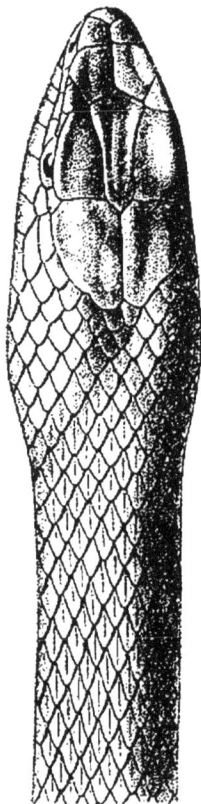

2

broussailles, ou sur les lisières des bois bien exposés au soleil que le Zaménis se tient de préférence. Il ne fréquente pas les eaux, quoique nageant avec facilité. Il grimpe sur les buissons et même sur les arbres, où il recherche les nids d'oiseaux pour en manger les petits. Il se nourrit aussi de petits mammifères, mais, quoi-qu'il ait la bouche largement fendue, il paraît préférer les animaux d'un plus petit calibre, comme Lézards et Serpents. Jamais, parmi les nombreux individus de cette espèce que j'ai eu sous les yeux, je n'en ai rencontré un seul ayant le corps renflé par une proie volumineuse, comme il arrive si souvent à la couleuvre à collier qui avale d'énormes Crapauds. Par contre, j'en ai vu un, que je venais de prendre, dégorger un Lézard gris; un autre avait un Orvet dans le corps. » (Lataste.)

Le Zaménis vert-jaune est très irascible, il se défend courageusement et mord avec rage, mais sa morsure est sans danger. C'est probablement son caractère irascible qui le fait redouter des habitants de la campagne qui prétendent qu'il s'élance et bondit sur eux. Fatio, qui avait conservé un individu de cette espèce en captivité, dit qu'il ne lui avait jamais pardonné la perte de sa liberté : « Retenu dans un grand vase en verre, il saluait toujours mon entrée dans la chambre par des sifflements stridents et se projetait inutilement en avant chaque fois que j'approchais. Sa haine était même si incurable que plusieurs fois, quand je lui rendais un instant de liberté dans la campagne, il se dirigeait directement sur moi pour me menacer et chercher à me mordre. »

La femelle pond, à la fin de juin ou en juillet, de

8 à 15 œufs qu'elle cache dans un trou chaud et bien abrité.

Ce Serpent est commun dans le Midi et le Sud-Ouest de la France, où on le désigne sous le nom vulgaire de *Liron*. Rare dans le département de Maine-et-Loire, on ne le trouve pas dans la Loire-Inférieure.

ORDRE II. — OPISTOGLYPHES

Duméril et Bibron ont créé l'ordre des *Opistoglyphes* (à dents sillonnées en arrière) pour des Couleuvres dont la tête est creusée entre les yeux d'une fossette profonde; les écailles qui recouvre le corps ne sont pas carénées et disposées suivant quinze à dix-neuf rangées. Les dernières dents de la mâchoire supérieure sont plus longues que les autres; la mâchoire postérieure est sillonnée.

Nous ne possédons en France qu'une seule famille de cet ordre.

FAMILLE DES PSAMMOPHIDÉS

Jan a réuni dans cette famille des Couleuvres dont les caractères généraux ont été indiqués ci-dessus. Un seul genre appartient à la Faune française :

Genre Cœlopeltis (Wagl.), Cœlopeltis

Ces Couleuvres ont la tête haute, nettement concave au devant des yeux, le museau relativement court, les écailles du dos petites, finement striées, légèrement concaves chez les adultes.

Une seule espèce habite la France :

Cœlopeltis ou **Couleuvre maillée** (*Cœlo
peltis insignitus*. Wagl.).

Cette espèce (fig. 3-4, p. 99), plus connue sous le nom
de *Couleuvre de Montpellier*, a le museau légèrement
comprimé ; les plaques sourcillères sont saillantes et
font paraître la tête excavée entre les yeux.

Sa coloration générale est un brun-olivâtre qui, sur
le dos, prend une teinte rougeâtre. Des lignes d'un
brun sombre, ornées de jaune, dont la forme et la disposition sont très irrégulières, ornent la tête. La face
supérieure du tronc et de la queue est marbrée de
petites taches noirâtres, bordées le plus souvent de
jaune ; ces taches forment habituellement cinq, plus
rarement sept séries longitudinales, plus ou moins
nettes et disposées de telle sorte que les taches de
chaque série alternent avec celles des séries voisines.
On voit, en outre, sur les écailles des deux séries longitudinales latérales les plus externes, des taches blanchâtres ou jaunâtres de forme irrégulière, disposées
parfois en une bande onduleuse presque ininterrompue.
Le dessous du corps est d'un blanc-jaunâtre. La coloration de cette Couleuvre est, du reste, assez variable.

« Aux environs de Montpellier nous avons plusieurs
fois observé le Cœlopeltis dans les terrains arides et
rocailleux où poussent les Cistes aux fleurs odorantes,
les charmantes Linaires et les purpurins Mélilots ; nous
avons également trouvé cette espèce le long des chemins creux exposés en plein soleil. La Couleuvre maillée nous a toujours paru être un animal assez agressif,
qui, lorsqu'on fait mine de le saisir, se jette sur vous

en faisant entendre un sifflement aigu. Comme toutes les Couleuvres du reste, elle se hâte de fuir entre les pierres et les buissons lorsqu'on ne l'attrappe pas. Sa nourriture se compose de Souris, de Mulots, de Campagnols, de Lézards, et trop fréquemment de petits Oiseaux. » (Brehm.)

Dugès, qui a publié un intéressant mémoire sur cette Couleuvre (1), assure que sa morsure ne cause aucun mal, bien que ce serpent possède une dent conique, très pointue, beaucoup plus longue que les autres et pourvue d'une gouttière longitudinale très marquée.

Le Cœlopeltis n'habite que le Midi de la France. Il est assez commun aux environs de Montpellier et de Nice.

SERPENTS VENIMEUX

ORDRE DES SOLÉNOGLYPHES

On donne le nom de *Solénoglyphes* (à dents creusées d'un canal en forme de tube) à un ordre d'Ophidiens comprenant tous les Serpents venimeux et qui sont caractérisés par une conformation particulière de la mâchoire dont le maxillaire supérieur, très réduit, ne porte pas d'autres dents que des dents venimeuses, sillonnées et percées d'un canal dans toute leur longueur, tandis que le maxillaire inférieur et le palais sont garnis de petites dents en crochets. Les dents venimeuses sont coniques, à pointe acérée et recourbées

(1) Dugès, Remarques sur la Couleuvre de Montpellier. (*Ann. des sciences nat.* 2ᵉ série, tome III, p. 137.)

en arrière; elles sont implantées dans les os du maxillaire supérieur. Chacun de ces os est alors élargi, court, solide et ne porte qu'un seul crochet. Plusieurs autres crochets, libres et contenus dans une bourse, sont prêts à prendre la place du premier quand il se casse. La glande à venin est située immédiatement sous la peau, un peu en arrière de l'œil, et a un conduit qui vient déboucher à la base des crochets. Ces dents sont soudées sur le bord libre de l'os maxillaire qui se meut sur lui-même par un mouvement de bascule quand l'animal ouvre ou ferme la bouche. Lorsque le Serpent est au repos, les crochets sont rabattus contre la paroi externe du palais et enveloppés dans une gaine membraneuse de la gencive qui les recouvre complètement.

Lorsque l'animal veut faire usage de ses crochets, il redresse sa mâchoire supérieure à angle droit avec le crâne vers l'échine, les dents venimeuses font alors saillie et en même temps la glande renfermant le venin se trouve comprimée par des muscles qui se contractent dans ce mouvement; le venin se trouve ainsi poussé dans la dent et pénètre dans les plaies qu'elle a faites. En résumé, le Serpent ne *pique pas*, comme on le dit vulgairement : il projette vivement sa tête contre l'objet qu'il veut atteindre, y enfonce ses dents et les retire avec prestesse, laissant dans la plaie un principe empoisonné.

Les Ophidiens de l'ordre des Solénoglyphes ont le tronc relativement trapu, à peu près cylindrique et légèrement renflé vers le milieu, la tête courte, large et aplatie, le plus souvent recouverte de petites écailles. Le museau est aplati, large, arrondi ou tronqué et retroussé. Les yeux sont ordinairement enfoncés, à pupille allongée et verticale ; la queue est courte et conique.

On ne trouve en France qu'une seule famille de Solénoglyphes, représentée par un seul genre.

FAMILLE DES VIPÉRIENS

Les *Vipériens* ont une tête large et déprimée, un cou généralement rétréci, une queue courte et conique, une pupille toujours verticale.

Genre Vipera (Laur.), Vipère

Les *Vipères* sont des Serpents à corps lourd et trapu, à queue courte, à tête large, déprimée, nettement séparée du tronc.

Ces reptiles sont vivipares ou ovovivipares et leurs petits, dès leur naissance, sont déjà doués du terrible venin.

Les Vipères sont nocturnes et ne chassent guère qu'après le coucher du soleil ; on les rencontre néanmoins pendant le jour, enroulées au soleil sous un buisson ou sur une pierre.

« Dans nos climats toutes les Vipères semblent lentes et peu actives dans leurs habitudes ; elles restent constamment immobiles dans une sorte de torpeur, au moins pendant la journée. Elles sont comme engourdies dans quelque coin, sous la mousse et sur les branches sèches où leur corps s'entortille et se fixe solidement pour se reposer et dormir. Quels que soient la durée de l'abstinence et le besoin présumé de la faim, il est rare qu'elles aillent au devant de leur proie. Elles l'attendent patiemment et paraissent même éviter de faire le moindre mouvement qui pourrait trahir leur présence; mais quand la victime est à une proximité telle que la distance réciproque semble avoir été précisément déterminée, on voit tout à coup le Serpent s'élancer par un mouvement rapide, prompt comme l'éclair. » (Brehm.)

L'animal blessé tombe, éprouve des mouvements convulsifs et succombe rapidement, tant l'effet du venin est rapide sur les animaux, principalement sur ceux à sang chaud, comme les petits Mammifères et les Oiseaux.

Fontana a fait beaucoup d'expériences pour reconnaître les effets délétères du venin de la Vipère sur les animaux : il a reconnu que le poison est sans action sur certains animaux inférieurs, tels que les Annélides. les Mollusques et certains Reptiles comme l'Orvet et la Vipère elle-même ; mais sur les animaux à sang chaud. l'introduction du venin produit ses effets plus ou moins funestes, souvent suivis de la mort. Le Chien, la Chèvre et le Mouton succombent même assez souvent, s'ils ne sont pas soignés. Les Vaches et les Chevaux sont malades et enflent fortement dans la partie mordue. D'après Fontana, un milligramme de venin de Vipère commune, introduit sous la peau d'un Moineau, suffit à le tuer, mais il en faut six fois davantage pour faire périr un Pigeon et, d'après son calcul, 15 centigrammes de venin seraient nécessaires pour tuer un homme.

Les Vipères évitent l'homme et ne le mordent que lorsqu'elles sont surprises ou attaquées par lui. Ces

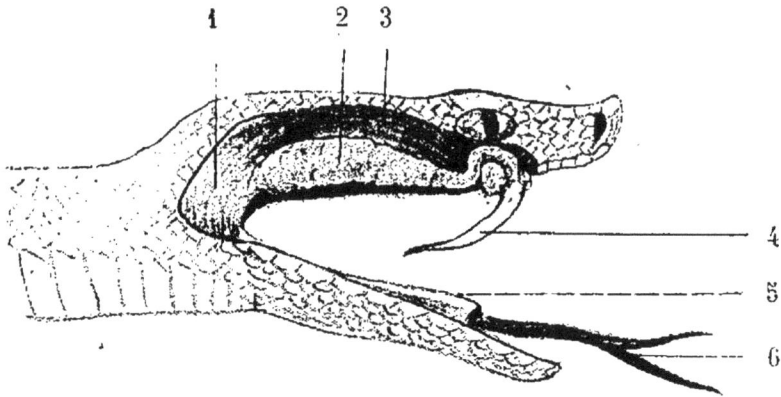

Tête de Vipère montrant l'organe venimeux.

1 Muscle reliant les deux mâchoires. — 2 Glande à venin. —
3 Muscle contractant la glande à venin. — 4 Dent percée d'un
canal permettant l'écoulement du venin dans la blessure. —
5 Fourreau de la langue. — 6 Langue.

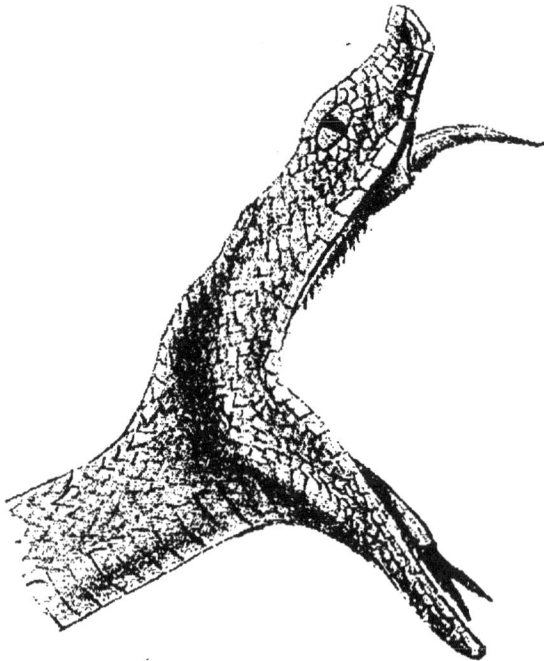

Disposition des mâchoires de la Vipère lorsqu'elle s'élance
pour mordre.

morsures peuvent être très dangereuses et même mortelles selon le tempérament du sujet. On comprend aussi qu'une foule de circonstances peuvent faire varier l'action du venin, ainsi, par exemple, le fluide délétère pourra être sécrété en grande abondance, ou bien ne se trouver inoculé qu'en petite quantité : on a remarqué qu'une température élevée favorisant soit la sécrétion, soit l'absorption, les morsures du premier printemps et de l'arrière-saison sont généralement moins dangereuses que celles de l'été. La morsure sera aussi plus dangereuse si elle a été faite sur certaines parties du corps ; l'effet moral produit sur la personne blessée pourra avoir aussi plus ou moins d'influence. En général, la morsure est peu douloureuse au moment où elle vient d'être faite, mais le plus souvent elle est presque instantanément suivie d'une douleur très aiguë ; tantôt il n'y a qu'un seul crochet qui pénètre dans les chairs, tantôt ils y pénètrent tous les deux.

Nous avons indiqué au commencement de ce volume, dans le chapitre consacré à la *recherche des reptiles*, les précautions qu'il était indispensable de prendre lorsqu'on avait été mordu par une Vipère. Quelques médicaments anciens sont encore préconisés, tels sont la thériaque, l'huile d'olive, l'ammoniaque, l'eau de Luce, le savon de Starkey, etc.

Les morsures de Vipère, indépendamment de l'enflure qui en résulte, sont souvent suivies de défaillances, de nausées, de frissons et d'assoupissement. Le professeur Duméril, qui avait été mordu par une Vipère Péliade, fut pris de vomissements de bile, d'étourdissements, de faiblesses et tomba en syncope. Les accidents, très légers du reste, cessèrent complètement le surlendemain.

« La petite quantité de venin qui m'avait été inoculée, dit Duméril, a déterminé chez moi, vieillard actif et vigoureux, âgé de près de soixante-dix-huit ans, des accidents assez graves et surtout une sorte d'insensibilité momentanée assez grave pour donner à penser qu'une personne plus faible, plus jeune, et surtout un enfant, aurait pu succomber à ces accidents. »

Charras, Redi et Fontana ont fait de nombreuses expériences bien connues sur l'action du venin des Vipères. Ce venin, au moment où il vient d'être sécrété, est d'une consistance à peu près oléagineuse; il est d'une couleur jaunâtre ; sa saveur, d'abord faible, laisse ensuite dans l'arrière-bouche une âcreté insupportable; mis dans l'eau, il va au fond ; si on l'y mêle, il la blanchit légèrement; mis sur des charbons ardents, il ne brûle pas ; il n'est ni acide, ni alcalin ; en se desséchant, il jaunit, prend un aspect gommeux et forme des espèces d'écailles.

L'ancienne thérapeutique tirait beaucoup de médicaments de la Vipère, tels que la graisse, le sel volatil, le vin et le bouillon de Vipère qui passaient pour être toniques et fortifiants. Le corps de ce Reptile, après avoir été desséché et pulvérisé, était infusé dans du vin et employé comme remède souverain contre l'enflure ou météorisation des bestiaux ; il est superflu d'insister sur ces croyances absurdes.

Le genre Vipère est représenté en France par trois espèces ; l'existence de l'une d'elles, la *Vipère ammodyte*, mérite, toutefois, d'être confirmée.

Vipère aspic (*Vipera aspis*. Dum. et Bibr.).

Cette espèce est facile à reconnaître à ses grands crochets perforés, implantés dans la mâchoire inférieure, à sa tête elliptique, allongée, à face supérieure complètement plane et pouvant dans certains moments s'élargir en cœur; le museau est tronqué carrément, avançant sur la mâchoire inférieure ; l'œil est petit, enfoncé; le cou est très distinct, grâce à la largeur de la partie postérieure de la tête; la queue est courte, conique, décroissant rapidement. Les écailles qui recouvrent le corps sont oblongues, imbriquées et carénées ; l'extrémité de la queue est emboîtée dans une écaille comme dans une sorte de cornet.

La Vipère aspic peut atteindre jusqu'à 0 m. 70 de longueur. Sa coloration est très variable : généralement le corps est lavé de brun, de roux, d'olivâtre, la teinte rousse prédominant. Parfois aussi la coloration varie du verdâtre, du noirâtre, ou du gris cendré au jaunâtre, au fauve, au rouge brique, teintes sur lesquelles des taches tranchent par leurs tons plus foncés. On remarque sur la tête une ligne transversale brune, un peu concave antérieurement, quelquefois interrompue au milieu et joignant les bords antérieurs des deux yeux ; sur le vertex se trouvent des points, généralement au nombre de quatre ou de cinq, puis, plus en arrière, et au sommet de la tête, deux traits bruns placés obliquement et convergeant dans la forme d'un V renversé. Sur la nuque existe une grande tache noire commençant la série des taches du dos qui forment, le plus souvent, une ligne sinueuse. Le dessous du corps est également très variable ; il est ordinairement gris d'acier ou noir.

Aspic, *Vipera aspis*. — Vipère, *Vipera berus*.

Ces variétés de coloration ont fait diviser les Vipères par les chasseurs et les paysans en trois espèces : la *grise*, la *rouge*, et la *noire* ; ces deux dernières ont la réputation, plus ou moins justifiée, d'être les plus dangereuses.

Les mouvements des Vipères sont lents et permettent de ne pas les confondre avec les autres Serpents inoffensifs : tandis que les Couleuvres glissent rapidement, la tête élevée et en décrivant des sinuosités très allongées, la Vipère avance, le corps et la tête collés au sol, par des mouvements moins rapides qui tracent assez exactement un S, dont les branches reviennent sur elles-mêmes.

La Vipère aspic recherche les coteaux secs et rocailleux inclinés vers le midi et couverts de ronces et de taillis. On la trouve moins dans les bois que le long des haies, au voisinage des tas de pierres et des roches. « C'est ainsi qu'aux environs de Paris, dans la forêt de Fontainebleau, on a surtout la chance de voir des Vipères dans les gorges d'Apremont, aux grands rochers si pittoresques et si bizarrement découpés, au milieu des genévriers rabougris et des fougères odorantes, dans les endroits où le sol est recouvert de fragments de grès et d'aiguilles de pin. L'Aspic craint la pluie et le froid et ne chasse guère par le mauvais temps, si ce n'est parfois avant l'orage, alors qu'elle est particulièrement irascible. Peu matineuse, elle ne se montre au printemps et à l'automne qu'après la disparition de de la rosée. Dès la fin d'octobre et dans les premiers jours de novembre, Vipère et Vipéreaux se retirent dans quelque galerie souterraine, sous la mousse, dans un creux d'arbre ou dans un vieux mur pour y attendre, souvent enroulés en paquets et entrelacés entre eux, que les beaux jours viennent les rendre à la vie ; l'hivernation cesse en général au milieu de mars et c'est alors que ces animaux se recherchent. » (Brehm.)

Au printemps on trouve fréquemment les Aspics par couples, mâle et femelle et souvent même dans le courant de l'été ; un jour, en chassant, je fus témoin d'un de ces accouplements : j'avais remarqué, de loin, sur les basses tiges d'un genêt une masse rougeâtre que je pris, à première vue, pour un Ecureuil ; en m'approchant, je pus me convaincre que j'avais affaire à deux Aspics enroulées ensemble pour l'accouplement, les deux têtes reposant l'une sur l'autre ; je me donnai la satisfaction de terminer brusquement, par un coup de fusil, les amours de ces deux reptiles.

Les femelles mettent au monde, vers le commencement d'avril, des petits dont le nombre varie de 8 à 15 et qui sortent vivants du corps de leur mère, entraînant après eux les débris des œufs dans lesquels ils étaient renfermés ; ces jeunes Vipéreaux mesurent, dès leur naissance, de 15 à 18 centimètres de long.

On a beaucoup exagéré le pouvoir de fascination que posséderait la Vipère ; il est toutefois un fait incontestable, c'est que les chiens de chasse tombent en arrêt sur la Vipère comme sur le gibier. J'ai eu l'occasion d'être témoin oculaire de ce fait dans les circonstances suivantes : Par une belle journée d'automne je chassais dans le département du Loir-et-Cher, lorsqu'en traversant, au milieu des bois, une clairière abondamment tapissée de bruyères, mon chien se mit subitement en

arrêt ; je m'attendais à voir partir une pièce de gibier
que je m'apprêtais déjà à tirer, lorsque le pauvre animal se rejeta brusquement dans mes jambes en poussant un cri de douleur : il était en arrêt sur une Vipère qui venait de le mordre à la lèvre supérieure. Je
me hâtai de rentrer au logis et, quoique le trajet ne fût
que d'environ quinze minutes, mon pauvre chien me
suivit avec peine, secouant sans cesse sa tête qui était
déjà horriblement tuméfiée. Dès mon arrivée, j'exami-
nai la plaie et je constatai la présence des deux points
rouges où avaient pénétré les crochets de la Vipère ;
la plaie était enflammée et présentait, sous la pression
du doigt, un bourrelet très dur entourant les traces de
la morsure. Je débridai la plaie à l'aide d'un canif et je
la cautérisai avec de l'alcali. Je fis ensuite coucher
l'animal qui refusa toute nourriture pendant trois jours,
se contentant de boire du lait ; le quatrième jour il se
leva et le lendemain, quoique affaibli, il put se re-
mettre en chasse.

La Vipère aspic se nourrit de petits Mammifères ou
d'Oiseaux qu'elle empoisonne avant de les avaler. Elle
a de nombreux ennemis parmi les animaux : les Rapaces diurnes et nocturnes, les Cigognes, les Corbeaux
qui s'en emparent adroitement, en évitant sa morsure.
Le Hérisson passe pour être l'ennemi naturel de la
Vipère, et, grâce à sa faculté de pouvoir s'enrouler de
façon à ne présenter qu'une boule hérissée de pointes,
il redoute peu le venin du Reptile ; on devrait, pour
cette raison, ne pas détruire ce mammifère, qui est,
d'ailleurs, un puissant auxiliaire des agriculteurs par la
chasse active qu'il fait aux Insectes et aux Limaces.

Mais la Vipère n'a pas d'ennemi plus acharné que l'Homme et ce n'est que grâce à la guerre continuelle qui lui est faite dans certaines parties de la France que l'on est parvenu à arrêter la propagation de ce dangereux Reptile, dont la tête est mise à prix dans quelques départements : le docteur Viaud-Grand-Marais rapporte qu'une chasseresse de Vipères de la Vendée tuait, en moyenne, 2062 de ces animaux, ce qui lui faisait une rente de 515 francs bon ou mal an. La Côte d'Or et le Poitou sont également infestés de Vipères : en 1865 le conseil général de Dijon a alloué un crédit de 7848 fr. 30 pour la destruction de 26,161 Vipères à raison de 0 fr. 30 par animal. Dans les Deux-Sèvres une somme de 13,965 fr. 50 aurait été allouée en prime de 0 fr. 25 centimes pendant les années 1864 à 1868, ce qui représente le chiffre énorme de 55,462 Vipères détruites en cinq ans dans ce seul département. Dans le courant de l'année 1889, 1163 Vipères ont été détruites dans cinq communes de l'arrondissement de Bressuire. Une seule personne a tué 112 Vipères dans la commune de la Ronde.

Assez rare dans le Nord-Ouest de la France, on rencontre la Vipère aspic dans l'est et à peu près dans toutes les autres parties de la France.

Vipère péliade (*Pelias berus*. Dum. et Bibr.) (fig. 5-6, p. 99).

Merren a distrait cette espèce du genre Vipère pour en former le genre *Pelias* adopté par la plupart des Herpétologistes modernes; cette distinction entre ces deux genres est fondée sur la présence chez l'un, l'absence chez l'autre de trois plaques sur le milieu de la tête, partout ailleurs recouverte de petites squammes. Ces caractères ne sont pas très constants et si le *Pelias berus* et la *Vipère aspic* sont deux espèces très voisines, quoique parfaitement distinctes, les différences qui les séparent ne nous paraissent pas assez sensibles pour justifier le classement de ces deux espèces dans deux genres différents.

La Vipère péliade est très variable dans la taille, dans les proportions et dans la coloration : le corps est épaissi dans la région du cou, très aminci dans le dernier tiers, de manière à se continuer directement avec la queue qui est courte.

La tête est assez allongée, moins séparée du cou que chez la Vipère aspic, assez aplatie, doucement arrondie en avant.

La coloration de cette espèce est très variable et le seul caractère constant est la présence d'une ligne noire ou brune flexueuse sur le dos ; elle est parfois interrompue, de distance en distance, de manière à former des taches le plus souvent irrégulières, parfois séparées, parfois réunies entre elles par une ligne mince. La teinte générale du corps varie du gris au noir et on trouve chez la Péliade les mêmes variétés : grise, rouge ou brune, que l'on rencontre chez la Vipère aspic.

La tête est généralement tachetée d'une manière constante : le dessus est orné de deux lignes longitudinales, entourées de taches et de raies, souvent reliées entre elles par une tache de même couleur et s'écartant en arrière en forme de triangle dont le sommet est dirigé en avant. Le dessous du corps est le plus souvent gris sombre ou noirâtre. L'œil est grand, arrondi; la couleur de l'iris est habituellement un rouge peu ardent.

La Vipère péliade, dont la longueur est de 0 m. 35 à 0 m. 45, habite les landes, les bois, les pentes pierreuses, les parois de rochers recouverts de broussailles. « Elle préfère par-dessus tout des cavités se trouvant sous des arbres déracinés, des amas de pierres, des trous de Taupes ou de Souris abandonnés, un terrier de Lapin, des fentes de rochers, des endroits aux environs desquels existe une petite clairière bien exposée aux rayons du soleil auxquels se chauffe fort volontiers l'animal. On trouve cette Vipère, pendant le jour, constamment aux environs de son repaire; elle y retourne et s'y cache au moindre danger. » (Brehm.)

Ce Serpent n'est pas pour cela un reptile diurne et ce n'est réellement qu'avec la crépuscule que commence toute son activité.

La Péliade se nourrit de petits Mammifères : de Taupes, de Musaraignes, de Mulots, et même de petits Oiseaux, mais rarement de Lézards et de Grenouilles.

La femelle pond en août et en septembre ; les jeunes Péliades, à leur naissance, sont déjà longues de 23 centimètres.

Cette Vipère, très commune dans certaines parties de l'Europe, et surtout en Allemagne, n'est pas rare en France, principalement dans la région de l'Ouest, où elle est commune en Normandie et dans la Vendée.

Vipère ammodyte (*Vipera ammodytes*. Latr.). Nous donnons à titre de renseignements la description de cette espèce (fig. 7-8, p. 99) dont l'existence en France mérite confirmation.

Cette Vipère, dont les formes générales sont celles de l'Aspic, est facile à reconnaître à son museau relevé en pointe molle couverte de petites écailles. Le dessus de la tête qui est aplati, est également protégé par des écailles, ainsi que le tronc, où elles sont disposées suivant vingt et une ou vingt-trois séries.

La coloration est aussi variable que celle des deux espèces précédentes : le corps est le plus souvent d'un jaune brun, quelquefois relevé de rouge. Le ventre est jaunâtre, tacheté et ponctué de brun ou de noir.

L'Ammodyte recherche les lieux montueux, arides et pierreux, bien exposés au soleil. Sa nourriture consiste en petits Mammifères, en Oiseaux et en Lézards.

Cette Vipère, que l'on trouve communément dans le Tyrol, est si rare en France que son existence y est contestée; mais plusieurs naturalistes prétendent l'avoir trouvée dans le Dauphiné.

BATRACIENS

Les Batraciens ont été longtemps confondus avec les autres Reptiles, dont ils sont cependant séparés par des caractères très sensibles. Les Reptiles, en effet, à toutes les périodes de leur existence, respirent l'air en nature au moyen de leurs poumons, tandis que les Batraciens respirent, par des branchies, l'air dissous dans l'eau, au moins pendant les premiers temps de leur vie. Ils subissent, en outre, dans le jeune âge des métamorphoses qui n'existent pas chez les Reptiles proprement dits. Leur existence, alors, est celle des Poissons et ils sont exclusivement aquatiques. Les petits des Grenouilles, des Crapauds, que l'on désigne sous le nom de *Têtards*, n'ont aucune ressemblance avec leurs parents : ils ont le corps mince et allongé, dénué de pattes et de nageoires, la tête volumineuse. Ils vivent dans les mares, dans les eaux stagnantes où ils se transforment peu à peu. Leurs membres et leurs poumons se développent, leurs branchies s'atrophient et insensiblement ils arrivent à une organisation nouvelle qui leur permet de changer leur vie aquatique pour un autre mode d'existence ; ils deviennent alors amphibies et peuvent, à leur guise, vivre sur terre ou se réfugier dans l'eau, leur premier élément.

Tous les Batraciens émanent d'œufs qui sont généralement petits, gélatineux et enveloppés d'une épaisse mucosité.

« On peut dire de la grande majorité des Batraciens que ce sont des animaux aquatiques, mais autant ils recherchent les eaux douces, autant ils s'éloignent, en général, des eaux salées ou même saumâtres. Ils sont destinés à vivre dans l'eau, au moins pendant une partie de leur existence. La respiration cutanée, si active chez eux, nécessite pour tous une atmosphère humide ; là où le désert établit son empire, on peut être certain de ne pas trouver de Batraciens. Ces animaux n'existent qu'aux endroits où se trouve de l'eau, soit

d'une manière permanente, soit temporairement.
Lorsque les flaques dans lesquelles ils vivent viennent
à se dessécher, les Batraciens s'enfouissent profondément dans la vase et y dorment d'un sommeil qui ressemble à la mort, pour ne se réveiller qu'avec l'appari-
tion de l'humidité. La vitalité chez les Batraciens dépasse ce que l'on voit chez tous les autres Vertébrés;
ils peuvent continuer à vivre pendant fort longtemps
après qu'on leur a retranché des organes importants et
reproduire les parties de leur corps qu'ils ont perdues.
Chez beaucoup de Batraciens les membres mutilés se
reproduisent avec de nouveaux os et de nouvelles articulations, à condition, toutefois, comme l'ont démontré
les expériences de Philippeaux, que l'on n'enlève pas
le segment supérieur du membre. Des lésions auxquelles succomberaient certainement les autres Vertébrés paraissent à peine incommoder les Batraciens.
Chez certains d'entre eux on peut couper la tête, enlever une partie de la colonne vertébrale, sans que
l'animal périsse de suite; bien plus, le cœur d'un Crapaud ou d'une Grenouille, détaché de la cavité thora-
cique, continue à battre longtemps, pourvu qu'il soit
maintenu dans un milieu suffisamment humide. »
(Brehm.)

On a beaucoup exagéré le danger du venin des Batraciens, surtout des Crapauds et de la Salamandre
terrestre. On ne peut dire que ces animaux soient complètement inoffensifs, car ils sont, en réalité, pourvus
de glandes qui sécrètent un véritable venin; mais ce
fluide n'est dangereux que pour les animaux de petite
taille. Lorsqu'on irrite un Batracien, il s'écoule des

pores qui criblent ses téguments un liquide visqueux
et blanchâtre, d'une odeur nauséabonde, qui peut pro-
duire des effets toxiques, peu sensibles chez les animaux à sang froid, tels que les Couleuvres et les Vipères, qui avalent des Batraciens sans être incommodés.
Ce liquide est également sans action sur l'homme,
qu'un épiderme assez réfractaire à l'absorption protège
suffisamment; on a, tout au plus, une légère irritation
de la muqueuse des yeux, quand les doigts imprégnés
de ce liquide ont été portés par mégarde sur cette
partie.

Non seulement on constate la présence du venin chez
le Crapaud, mais les Grenouilles, la Rainette elle-
même, que l'on touche avec moins de précautions, sécrètent ce liquide visqueux.

« Je ne m'amuserai pas, dit Lataste, à combattre
l'opinion du vulgaire qui croit ces animaux susceptibles
de mordre ou de lancer un liquide empoisonné contre
les gens qui les approchent de trop près. Les os des
mâchoires, très faibles et mus par des muscles très peu
puissants, sont incapables d'exercer une pression douloureuse sur une partie quelconque de notre corps, et
leurs dents, quand ils en ont, sont trop petites pour
percer notre épiderme. Quant au liquide qu'ils éjacu-
lent lorsqu'on les effraie ou qu'on les tourmente, c'est
de l'eau à peu près pure, tenue en réserve dans la
vessie pour les besoins de l'économie et dont ils se débarrassent pour s'alléger et mieux fuir. »

Les Batraciens subissent la mue comme les autres
Reptiles, mais nous avons déjà dit que cette mue diffé-
rait de celle des Sauriens et des Ophidiens, dont la

peau se détache d'une seule pièce, tandis que chez les Batraciens la peau tombe par lambeaux dont ces animaux se débarrassent par des mouvements saccadés.

Les Batraciens vivent dans l'eau, sur terre ou sur les arbres; on peut dire que chaque espèce choisit son habitation selon ses goûts et les besoins de son organisation.

La classification des Batraciens est basée sur leur forme, qui est subordonnée elle-même à des mœurs et à des habitats complètement différents : les uns, dans l'âge adulte, sont dépourvus de queue et ont été nommés pour cette raison *Batraciens Anoures* (sans queue); ils progressent par sauts, sont aquatiques ou terrestres, ces derniers n'allant, généralement, à l'eau qu'au moment de la ponte (Crapauds, Grenouilles). Les autres subissent des métamorphoses incomplètes et sont essentiellement aquatiques; ils conservent leur queue à toutes les périodes de leur existence et ont été nommés *Batraciens Urodèles* (à queue distincte), tels sont les Salamandres et les Tritons.

BATRACIENS ANOURES

Ces animaux sont, parmi les Batraciens, ceux dont l'organisation est la plus complète: ils ont le tronc large, court, déprimé et comme tronqué en arrière; la peau est nue; les membres sont au nombre de deux paires, les postérieurs toujours plus développés que les antérieurs; tous les Anoures, en effet, sont disposés pour le saut et pour la natation, ainsi qu'on peut en juger par leur squelette, qui présente une disposition toute spéciale : la colonne vertébrale est très courte et se compose seulement de neuf vertèbres ; la tête est osseuse et très aplatie ; l'humérus est solide, plus tordu chez les Crapauds que chez les Grenouilles. L'avant-bras se compose d'un os unique ; le fémur est cylindrique, plus long chez les Batraciens sauteurs, comme la Grenouille, que chez les Batraciens marcheurs, comme le Crapaud.

Cette charpente osseuse est mise en mouvement par des muscles si nombreux que Dugès n'en a pas compté moins de 221 chez la Grenouille !

Les Anoures nagent de la même façon qu'ils sautent, à l'aide de leurs membres postérieurs plus ou moins développés et de leurs pieds plus ou moins palmés : la Grenouille verte est la plus aquatique de nos espèces, le Crapaud commun est, au contraire, un mauvais nageur.

Les femelles pondent dans l'eau des œufs entourés d'un mucus épais et réunis en un seul ou en deux cordons plus ou moins longs ; le nombre de ces œufs varie selon les espèces. Ces œufs, qui sont sphériques, se gonflent en absorbant l'eau dans laquelle ils ont été déposés ; au bout de quelques jours, l'embryon ou *têtard* perce l'enveloppe et nage librement, en se nourrissant, d'abord, des matières gélatineuses qui enveloppent les œufs. Ce petit Batracien n'est composé d'abord que d'une tête, d'un ventre et d'une queue ; l'œil n'apparaît qu'au troisième jour, sous forme d'un cercle noir. Peu à peu les branchies extérieures s'atrophient, la tête se confond avec le ventre pour ne former qu'une masse globuleuse terminée par une queue déprimée et entourée d'une mince membrane. Le Têtard se nourrit alors de végétaux et de substances animales.

« Les membres postérieurs apparaissent ensuite sous la forme d'un bourgeon qui se divise en cinq rameaux à son extrémité et s'allonge peu à peu. Pendant ce temps, les membres antérieurs se développent aussi, mais intérieurement sous la peau et rien, à l'extérieur, ne trahit leur état plus ou moins avancé. C'est vers la fin de cette période que les Têtards ont acquis leur maximum de taille. » (Lataste.)

C'est aussi à ce moment que les membres antérieurs complètement formés percent leur enveloppe ; la queue disparaît ; la bouche se fend davantage ; les yeux se munissent de paupières et le jeune Batracien, semblable à ses parents, sort de son élément humide pour fouler la terre qu'il ne connaît pas encore. La durée de ces métamorphoses varie selon les espèces ainsi que la forme des Têtards.

L'habitat des Anoures est très variable suivant leur organisation : « La *Grenouille verte* et la *Rainette* vivent en nomades, s'écartant quelquefois beaucoup des lieux qui les ont vu naître et n'ayant aucun domicile fixe. Le *Crapaud commun*, plus précautionneux, se choisit un trou de mulot ou, plus rarement, se creuse lui-même un terrier, dans lequel il transporte ses pénates, et dont il ne s'éloigne jamais beaucoup, si ce n'est à l'époque des amours. Les Batraciens Anoures sont les plus sociables de tous les Reptiles. Indépendamment des besoins de la reproduction qui les rassemblent en grand nombre dans un même lieu, certaines espèces paraissent former de petites colonies. Qui n'a entendu, par les belles soirées d'été, des voix douces et flûtées se répondant l'une à l'autre le long des vieilles murailles ou des talus qui bordent les chemins? Ce sont des *Alytes accoucheurs* qui sortent de leur retraite pour humer la fraîcheur du soir et faire la chasse aux petits animaux dont ils se nourrissent, et leurs notes timides expriment le bonheur qu'ils éprouvent à se sentir vivre ou les convient aux plaisirs de l'amour. Les *Crapauds calamites* se réunissent également en petites troupes, soit pour chasser, soit pour s'abriter dans quelque trou de rocher. Quant aux *Grenouilles*, tout le monde a pu observer leurs peuplades nombreuses au milieu de nos étangs. » (Lataste.)

La mue chez ces Batraciens est très remarquable et mérite d'être observée :

« L'Anoure, dit Lataste, change de peau comme une femme de chemise. Sa vieille défroque, absorbant l'eau par endosmose, se gonfle, se tend et crève sur la tête et sous la gorge. Par cette ouverture il passe d'abord un bras, puis l'autre. Avec l'aide de ses mains il retourne son vêtement et le fait glisser en arrière le long du corps. Il sort enfin ses culottes et se met alors en devoir d'avaler toute sa garde-robe. »

Les Batraciens Anoures sont tous plus ou moins nocturnes; quelques espèces, par exception, recherchent les rayons du soleil. A l'état adulte, ils se nourrissent principalement de proies vivantes : Mollusques, Insectes, Crustacés, Vers. Ils rendent d'immenses services par la guerre continuelle qu'ils font aux insectes nuisibles et surtout aux Limaces et aux Vers de terre qui font le désespoir des jardiniers.

Ces animaux possèdent une voix qu'ils ne font généralement entendre qu'à certaines époques ; ce n'est guère que dans la saison des amours qu'ils s'appellent et se répondent. C'est surtout pendant les belles nuits d'été qu'on peut entendre les bruyants concerts des Batraciens, la Rainette seule continue à chanter pendant les chaudes journées d'automne.

Duméril et Bibron ont divisé les Batraciens Anoures en deux sous-ordres :

Phanéroglosses (à langue distincte).

Phrynoglosses (sans langue).

Ce dernier sous-ordre n'a pas de représentants en Europe.

SOUS-ORDRE DES PHANÉROGLOSSES

Les Phanéroglosses sont caractérisés par la présence d'une langue charnue, libre dans sa partie postérieure.

Ce sous-ordre comprend trois familles :

Les *Hylæformes* (Rainettes).

Les *Raniformes* (Grenouilles).

Les *Bufoniformes* (Crapauds).

Ces trois familles, ainsi nommées d'après la forme des animaux qui les composent, ont chacune des représentants en France.

FAMILLE DES HYLÆFORMES

Les animaux qui composent cette famille ont des dents à la mâchoire supérieure et au palais, les doigts très dilatés à leurs extrémités, et sont essentiellement arboricoles. Ils se tiennent, de préférence, sur les plantes, sur les feuilles des arbres et présentent un curieux effet de *mimétisme* (1) :

« Examinez, dit Lataste, la gentille Rainette : sa robe vert tendre, relevée souvent par de fins liserés jaunes du meilleur goût, passera presque sous vos yeux au blanc verdâtre délicat, ira jusqu'au jaune serin, reviendra au vert tendre, tournera au vert bleuâtre, ou brun, et par dégradations insensibles atteindra le noir le plus profond ! Car, rivale du Caméléon, elle a la faculté de changer de costume suivant l'état de l'atmosphère et même suivant ses impressions. »

Leur coloration, en effet, s'adapte à merveille à la couleur du feuillage qui les environne et les rend très difficiles à apercevoir :

« Une Rainette, qui est verte comme la feuille sur laquelle elle est posée, peut, quelque temps après, paraître roussâtre ou grisâtre comme l'écorce de la plante contre laquelle elle va grimper. Une de ces charmantes créatures, écrit Tennant, placée au pied de ma lampe, avait pris, après quelques minutes, si bien la couleur d'or des objets qui l'environnaient qu'il était fort difficile de l'en distinguer. » (Brehm.)

(1) On nomme *mimétisme* la faculté qu'ont certains animaux de prendre la couleur des objets sur lesquels ils se fixent.

La famille des Hylæformes n'est représentée en France que par un seul genre et une seule espèce :

Genre Hyla (Laur.), Rainette

Les Rainettes ont la langue elliptique, circulaire, entière ou très faiblement échancrée, adhérente de toutes parts, ou plus ou moins libre à son bord postérieur. Elles possèdent des dents; les doigts sont déprimés et plus ou moins palmés; la peau de la tête n'est pas adhérente aux membres.

Rainette verte (*Hyla viridis*. Dum. et Bib., *Hyla arborea*. Cuvier.).

Cette espèce a la tête plutôt petite que grande, à surface supérieure légèrement excavée au centre, convexe sur son pourtour; le museau s'arrondit brusquement depuis les narines; la mâchoire inférieure rentre à peu près complètement sous la lèvre supérieure qui recouvre des dents très fines. Les yeux ont la pupille arrondie, se détachant en noir sur un iris couleur d'or.

La Rainette verte, dont la longueur ne dépasse guère trois centimètres, a le dessus du corps généralement d'un beau vert avec quelques nuances jaunes sur les pattes de derrière. Une bande étroite et jaunâtre s'étend entre l'œil et l'épaule ; les orteils ont une teinte rosée. Tout le dessous du corps est d'un blanc plus ou moins pur.

La femelle pond des œufs beaucoup plus petits et moins nombreux que ceux des Grenouilles; elle les dépose au fond de l'eau ou sur les plantes aquatiques.

Le *Têtard* est en partie d'un vert brun, en partie

jaune plus ou moins clair; le ventre est blanc brillant avec des teintes plus sombres sur son pourtour.

Nous avons dit que les Rainettes étaient arboricoles : elles grimpent avec agilité sur les arbres et se meuvent par une série de sauts sur les branches où elles se maintiennent par la pression atmosphérique produite par les ventouses ou disques dont leurs pattes sont pourvues. Elles sautent de feuille en feuille et, pendant les beaux jours, restent immobiles sur la surface d'une feuille, sous laquelle elles se réfugient aussitôt qu'il pleut.

La Rainette verte dédaigne les animaux morts et se nourrit de mouches et de petits insectes qu'elle capture elle-même en les guettant comme le chat guette des souris.

« Sa vue perçante et, sans doute aussi, l'ouïe fort développée l'avertissent de la présence des insectes, principalement des mouches et des moucherons qu'elle semble préférer à tout. Elle observe attentivement ces animaux, s'élance brusquement sur eux, la gueule toute grande ouverte, et se sert de la langue pour les entraîner au fond de son gosier. C'est vraiment un spectacle fort curieux que de voir la Rainette guetter patiemment une mouche posée sur quelque feuille, s'approcher doucement, presque invisible grâce à sa couleur qui la fait confondre avec le feuillage, puis, arrivée à distance convenable, s'élancer parfois à près d'un pied de distance ; il est rare que la Rainette manque sa proie. » (Brehm.)

A la fin de l'automne elle descend des arbres sur le sol, gagne le voisinage des eaux et s'y blottit dans la

La Rainette verte a un chant que l'on entend dans les campagnes pendant les nuits de printemps et que les paysans attribuent à la Grenouille. Ce coassement est produit par les mâles seuls, gonflant leur goître à

Rainette verte mâle et femelle.

la grosseur d'une noisette. Ces chants, qui partent tous ensemble et s'arrêtent tous à la fois, sont les concerts des Rainettes réunies en grand nombre dans une même mare.

« La note qu'elles émettent, dit Lataste, est grave, vibrante, brusquement attaquée, courte, rapidement et longtemps répétée. Les mots *Krac, Krac...* ou *carac, carac* rendent bien l'effet produit par cette musique. »

La Rainette, qu'on nomme aussi vulgairement la *Raine*, s'habitue facilement à la captivité et beaucoup d'amateurs conservent ces animaux qu'ils croient propres à prédire le temps par leurs cris ou par les positions qu'ils occupent dans leur prison. On prétend, en effet, qu'ils annoncent la pluie par leurs coassements. Ils sont, en outre, utilisés comme *hygromètre* : on les place dans un bocal en verre à demi rempli d'eau, dans laquelle plonge une petite échelle en bois : si le temps doit rester sec, la Rainette escalade son échelle et demeure au-dessus de l'eau ; si, au contraire, le temps est menaçant, elle regagne l'eau et reste immergée. On sait que le maréchal Bugeaud avait une confiance inébranlable dans ces prédictions et, pendant ses campagnes d'Algérie, n'entreprenait jamais une expédition sans avoir consulté la Rainette qu'il élevait en captivité.

Cette espèce habite toute l'Europe et est très commune dans toute la France.

FAMILLE DES RANIFORMES

Les Batraciens qui composent cette famille ont les doigts libres et les orteils plus ou moins palmés. Les genres diffèrent entre eux par la disposition et la structure des doigts, par la forme de la langue et par la dentition.

Cette famille comprend nos Grenouilles proprement dites, que l'on divise en deux sections :

Les *Grenouilles aquatiques*.

Les *Grenouilles rousses*.

Les premières sont caractérisées par leurs mœurs aquatiques; les secondes ont des habitudes beaucoup plus terrestres.

Genre Rana (Lin.), Grenouille

Dans ce genre, la langue est grande, oblongue, un peu rétrécie en avant, fourchue en arrière, libre dans le tiers postérieur de sa longueur; la bouche est largement fendue; les dents, peu nombreuses, sont situées tantôt entre les arrière-narines, tantôt plus ou moins rapprochées de celles-ci; les doigts sont plus ou moins palmés; les formes sont sveltes et élancées.

1° GRENOUILLES AQUATIQUES

Grenouille verte (*Rana viridis*. Lin.).

La Grenouille verte ou *Grenouille commune* a la tête triangulaire, aplatie, aussi large que longue, le museau arrondi; l'œil protégé par une paupière supérieure très épaisse a l'iris de couleur dorée. Les membres sont plus longs chez le mâle que chez la femelle enfin le mâle possède deux vessies vocales, formées d'une membrane mince et transparente, pouvant sortir par une fente qui se prolonge presque jusqu'à l'épaule et qui ont souvent la grosseur d'une noisette.

La peau est lisse et d'une teinte générale verdâtre, mais cette coloration est très variable et souvent le dessus du corps est lavé de vert, de roux et de brun. Le dessous du corps est d'une teinte plus claire, quelque-

fois entièrement blanc. On a remarqué que les Grenouilles qui habitent les marais sont plus brunes et plus
foncées que celles qui vivent dans les eaux claires.

La femelle dépose dans l'eau des œufs très nombreux, réunis en un paquet volumineux et plus petits
que ceux de la Rainette.

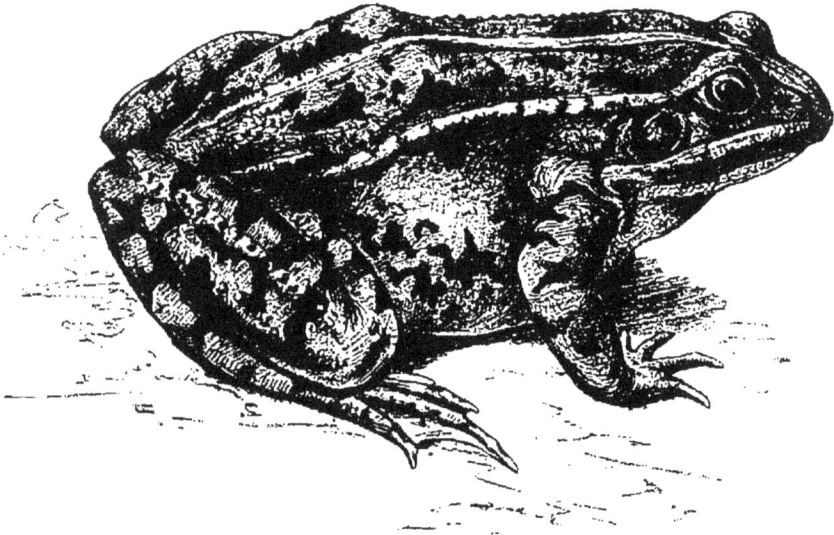

Grenouille verte.

Le *Têtard* a le corps ovalaire, le museau très obtus
et largement arrondi; sa coloration présente des reflets
très variables : le dessus est lavé de brun, de roux et
de jaune; les flancs ont des reflets d'un rouge cui-
vreux. La membrane caudale, rousse à son origine
supérieure, est transparente et semée de nombreux
points blancs très petits. Le dessous du corps est blanc
entouré de bleuâtre.

« Le coassement de cette espèce, dit Fatio, varie un
peu avec les circonstances; c'est quelquefois, chez le
mâle, une sorte de ricanement que l'on peut traduire
par *brekeke*, ou bien une exclamation sur deux notes

exprimant le mot *koarr ;* souvent chez les deux sexes c'est encore un cri rauque, roulé et plus ou moins prolongé. »

Les Grenouilles vertes se retirent vers la fin d'octobre dans la vase au fond des eaux et sortent tardivement de leur engourdissement hivernal ; ce n'est guère qu'au commencement de juin qu'elles font entendre leurs chants.

Cette espèce est la plus aquatique des Grenouilles européennes et ne quitte l'eau que pour jouir, sur la rive, des rayons du soleil. A la moindre alerte, elle regagne l'eau par des sauts précipités et se plonge de nouveau dans son élément favori.

« Quand elle a plongé d'effroi, elle décrit dans l'eau une ligne courbe et vient à une petite distance passer sa tête au-dessus des plantes aquatiques pour revoir l'objet de sa frayeur. Si le danger lui paraît persister, elle plonge de nouveau et va, cette fois, se cacher pour quelques instants dans la vase, s'y enfonçant la tête la première. » (Lataste.)

La Grenouille verte se rencontre quelquefois dans les eaux courantes, mais elle préfère les étangs, les mares pleines d'herbes et de roseaux, les fossés remplis d'eau où pousse une épaisse végétation aquatique ; c'est là qu'elle donne la chasse aux Insectes, aux petits Mollusques et aux Vers dont elle fait sa nourriture. Très vorace, on l'accuse de faire parfois des dégâts très considérables dans les étangs en dévorant les œufs et les alevins de Poissons.

En revanche, elle est très recherchée pour l'alimentation et on fait une grande consommation de Grenouilles, dont on mange les cuisses. Dans le but de se procurer ce Batracien, on lui fait une guerre acharnée : à la ligne, à l'arbalète, ou même avec une lance dont on peut approcher la pointe à quelques centimètres de son corps sans que le pauvre animal se méfie de l'instrument qui doit le transpercer. Enfin, on utilise aussi cette espèce pour des expériences de laboratoire et d'amphithéâtre.

La Grenouille verte est le plus commun de nos Batraciens Anoures : on la trouve en grande quantité dans toutes les parties de la France.

2° GRENOUILLES ROUSSES

Les Grenouilles de cette section sont à peu près terrestres, vivant sur terre pendant plus de la moitié de l'année et n'habitant l'eau qu'au moment de la ponte ou pour y chercher un refuge pendant l'hiver.

Grenouille rousse (*Rana fusca*. Rœsel., *Rana temporaria*. Lin.).

Cette Grenouille est plus trapue que l'espèce précédente ; sa face est courte et bombée, les membres postérieurs sont raccourcis, les allures lourdes.

« Un signe distinctif de la Grenouille rousse, c'est d'avoir la région latérale de la tête, comprise entre l'œil et l'épaule, colorée en noir ou en brun foncé, circonstance qui lui a valu la qualification latine de *temporaria* ou *marquée à la tempe*. Cette grande tache noire ou brune se termine généralement en pointe derrière l'angle de la bouche. Une raie noire, passant par la narine, s'étend du bord antérieur de l'œil au bout du museau ; un trait de la même couleur est marqué en long sur le devant des bras. Les mâchoires sont blanches ou jaunâtres, bordées ou tachetées de noir ou de brun. Les pattes postérieures sont presque toujours coupées en travers par des bandes d'une couleur foncée. La plupart des individus ont toute la face supérieure du corps d'une teinte rousse uniforme ou tachetée de noirâtre; puis il y en a de verts, de verdâtres, de gris, de bruns, de noirâtres, de jaunâtres, de blan-

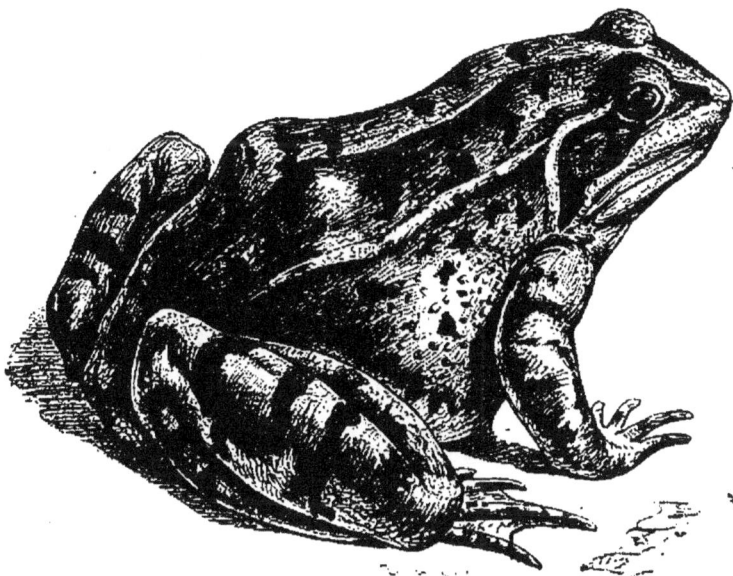

Grenouille rousse.

châtres, et même de colorés en rose avec ou sans taches plus ou moins foncées que le fond sur lequel elles sont semées. Les régions inférieures sont souvent d'un blanc jaunâtre, mais elles offrent aussi quelquefois des taches cendrées, brunes ou roussâtres. La pupille est noire, oblongue et l'iris de couleur d'or. » (Duméril et Bibron.)

On peut juger par la description que nous venons de citer combien cette espèce est variable.

La Grenouille rousse atteint généralement de 0 m. 055 à 0 m. 065 de longueur; elle est une des premières à sortir du sommeil hivernal et dès le mois de février elle se rend à l'eau pour y déposer son frai. La femelle pond des œufs qui tombent au fond de l'eau, se gonflent ensuite et remontent à la surface où ils forment des masses épaisses et mucilagineuses qui contiennent jusqu'à 150 pelottes.

Cette espèce, ainsi que nous l'avons dit, habite de préférence sur terre; on la trouve dans les jardins, les vignes, les prairies, les champs et les forêts, surtout dans les lieux humides et garnis de hautes herbes. Elle fait rarement entendre sa voix qui consiste en un coassement sourd et peu prolongé. Elle se nourrit d'Insectes, de Vers et de Limaces.

« Aucun Batracien, peut-être, n'a autant d'ennemis que la Grenouille rousse; tous les animaux l'attaquent et sur terre et dans l'eau; elle n'est réellement à l'abri des poursuites, que lorsqu'elle s'enterre dans la vase pour y passer l'hiver. Beaucoup d'Oiseaux, la plupart des Serpents de nos pays la pourchassent; avec le Crapaud, elle est la proie préférée de la Couleuvre à collier; pendant les premiers temps de son existence la Grenouille verte s'en nourrit; les Écrevisses recherchent ses larves. Malgré toutes ces causes de destruction, la Grenouille rousse est si prolifique qu'un printemps favorable suffit à combler les vides faits par les nombreux ennemis qui pourchassent cette espèce sans trêve ni merci. » (Brehm.)

La Grenouille rousse, qui habite l'Europe entière, depuis l'Espagne et l'Italie jusqu'au nord de la

Norwège, n'est pas rare en France, mais ne se rencontre pas dans quelques départements.

Grenouille agile (*Rana agilis*. Thomas.).

Cette espèce a été longtemps confondue avec la Grenouille rousse, à laquelle elle ressemble beaucoup par la coloration. Sa tête est très acuminée et à peu près aussi large que longue à sa base. Le museau, dont l'extrémité déborde un peu la mâchoire inférieure, se termine en pointe arrondie. L'œil est grand, l'iris est doré, brun-foncé et sans éclat en dessus. Une tache noire ou brunâtre recouvre les tempes, comme chez la Grenouille rousse. Toute la surface du corps est d'un roux plus ou moins vif, pouvant passer, d'un instant à l'autre, au rosé ou au brun foncé. Un cordon jaune sale borde la lèvre supérieure jusqu'à l'angle des mâchoires ; la lèvre inférieure est bordée de marbrures brunes, souvent effacées, transversales et étroites. Des taches brunes, moins foncées et moins nettes, se montrent sur le dos. Le dessous du corps est d'un beau blanc mat ; la gorge et la poitrine présentent souvent, principalement chez les femelles, une teinte d'un rose tendre, les aines une nuance vert-doré, le dessous des cuisses une couleur de chair.

Cette Grenouille atteint de 0 m. 05 à 0 m. 06 de longueur ; les mâles sont toujours beaucoup plus petits que les femelles. Celles-ci déposent, au printemps, leurs œufs dans les eaux profondes. Ces œufs, moins gros que ceux de la Grenouille rousse, sont attachés aux bois morts ou aux rameaux flottants.

Le *Têtard* a le corps ovale, le dos taché de gris-brun sur un fond jaunâtre clair, le ventre blanc, séparé de la gorge par une bande obscure. La queue a sa portion membraneuse toute marbrée de taches d'un gris roux, grosses, nombreuses et très rapprochées, ce qui permet de distinguer ce Têtard de celui de la Grenouille verte.

Le mâle adulte a une voix très faible qui ne s'entend pas au delà d'une quinzaine de pas et qui se compose d'une seule note, comme parlée à voix basse, vite articulée et rapidement répétée.

La Grenouille agile recherche les prairies et les bois humides situés à peu de distance des petits ruisseaux. « Comme la Grenouille des bois de l'Amérique du Nord, à laquelle elle ressemble beaucoup, l'Agile est une espèce exclusivement terrestre. Hors l'hivernage et le temps des amours, on ne la trouve jamais à l'eau. Elle recherche les frais vallons au bord des ruisseaux. C'est là, dans les prés, dans l'herbe des taillis ou sous les grands arbres, qu'on la trouve le plus souvent, isolée ou par petites bandes. Elle part sous les pas par bonds de quatre à cinq pieds, va tomber dans le ruisseau, ou se dérobe dans l'herbe des prairies. Une grande partie hivernent sous la feuillée, les autres dans la vase et dans les masses submergées de plantes aquatiques. » (A. de l'Isle.)

Cette espèce vit d'insectes qu'elle saisit adroitement au vol. On la trouve à peu près dans toute la France, où elle est désignée par les paysans sous différents noms : *Grenouille pisseuse* dans quelques départements du Centre, *pichouse* dans la Gironde et *papegay* dans la Charente-Inférieure.

Genre Pelodytes (Fitz.), Pélodyte

Ce genre a été créé pour un Batracien de petite taille, chez lequel les dents qui garnissent le palais sont disposées en deux groupes. La langue, à peine échancrée, est libre à son bord postérieur. Les doigts ne sont pas dilatés à leur extrémité.

Ce genre ne comprend qu'une espèce :

Pélodyte ponctué (*Pelodytes punctatus*. Dugès).

Cet Anoure a des formes allongées qui le rappro-

Pélodyte ponctué.

chent des Rainettes ; sa tête est légèrement plus longue que large chez la femelle et très aplatie. Le museau est fortement arrondi, l'œil gros et saillant, le corps assez court. La peau, sur la partie supérieure du corps,

est couverte de petites verrues irrégulières formant,
surtout chez les mâles, des séries latérales.

Tout le dessus du corps est d'une teinte cendrée, verdâtre ou brunâtre, avec des marbrures d'un beau vert,
plus nombreuses sur les membres. Le dessous du corps
est d'un blanc mat. La longueur du Pélodyte est de
0 m. 37 à 0 m. 45.

La femelle dépose ses œufs dans l'eau en grappes
de six à huit centimètres de long qui sont fixées sur
des brins d'herbe ou des branches à demi submergées.

Le *Têtard* a le corps ovale allongé et paraissant déprimé lorsqu'on le regarde de profil ; la queue est
très longue ; le dessus du corps est parsemé de points
et de taches d'un brun effacé sur fond roux. Le ventre
est d'un blanc assez pur.

« Le cri du Pélodyte, que l'on entend surtout aux
mois d'avril et de mai, le soir, dans les petites mares,
les eaux pluviales, les fossés qui bordent les chemins,
n'a pas la puissance de celui de la Rainette, auquel il
ressemble beaucoup. La note est pleine, lente, chevro-
tante et très grave ; on s'étonne de la voir produite par
un si petit animal. Le Pélodyte la répète sept ou huit
fois sans se presser, puis il s'arrête quelque temps pour
recommencer ensuite. » (Lataste.)

Cette espèce, plutôt terrestre qu'aquatique, est
nocturne et se cache sous les pierres pendant le jour.
On peut la rencontrer très facilement le soir au pied des
murs des vieux parcs ou le long des petits ruisseaux.
Elle se nourrit d'Insectes et grimpe sur les buissons
aussi facilement que la Rainette.

Le Pélodyte, sans être commun, habite une grande

partie de la France et n'est pas rare dans les environs de Paris. Duméril dit que dans l'ancien parc de Sceaux-Penthièvre on peut le voir, au premier printemps, dans de petits étangs, anciens restes des grandes pièces d'eau, et en automne au milieu des buissons de ronces qui bordent les murs du parc exposés en plein soleil.

Genre Alytes (Wagl.), Alyte

Les animaux formant ce genre sont caractérisés par un corps trapu, des membres courts et épais, une peau couverte de pustules, une langue entière, épaissie, circulaire et adhérente. La physionomie de ces Batraciens semble les rapprocher des Crapauds dont ils s'éloignent par des caractères importants.

Le genre Alyte n'est représenté que par une seule espèce :

Alyte accoucheur (*Alytes obstetricans.* Laur.).

Cet Anoure a le corps trapu et ramassé, les membres postérieurs étendus, la tête assez grande et portée directement sur les épaules. Ne dépassant guère 10 centimètres de longueur, il ressemble à un jeune Crapaud, mais sa peau n'est pas aussi rugueuse et est seulement parsemée de petits tubercules mousses et arrondis. Le dessous du ventre est chagriné par de petites granulations plus blanches que le fond.

La teinte du corps varie du jaune sale au brun assez foncé ; les pustules du dos forment des mouchetures généralement brunes, quelquefois d'un vert assez vif, souvent marquées de rouge à leur sommet.

La femelle pond des œufs relativement gros, entourés d'une membrane assez résistante et reliés entre eux en forme de chapelets. Elle abandonne ses œufs aux soins du mâle qui les prend et les entortille autour de ses jambes, ce qui lui a fait donner le nom d'Alyte *accoucheur*.

« J'en ai trouvé, dit Lataste, se promenant ainsi avec des œufs à tous les degrés de développement, et ils n'en paraissaient par fort gênés. Si on les tourmente cependant, ou si on les réduit en captivité, ils s'en débarrassent et les laissent sur le sol pour ne plus les reprendre. »

Le Têtard a le corps ovalaire, raccourci, le museau arrondi et très busqué, la queue assez longue ; il est d'une coloration rousse ou noirâtre selon les eaux qu'il habite ; le ventre est gris-blanchâtre et granuleux ; la partie membraneuse de la queue est couverte de points bruns disposés sans ordre ; l'iris est doré.

« Depuis le commencement d'avril jusqu'aux premiers jours de septembre les Alytes font entendre, surtout lorsque le temps est doux, le son *clok*, qu'ils répètent le le soir, ainsi que pendant la nuit, à des intervalles plus ou moins rapprochés. Ils se cantonnent dans les villages, de manière cependant, que la distance qui les sépare est assez peu éloignée pour qu'ils puissent s'appeler et se répondre. » (Millet.)

L'Alyte est nocturne et vit dans les vieilles carrières, dans les talus ou le long des murailles qui bordent les chemins, dans les vieilles constructions, dans les terrains en démolition, où il se creuse, à l'aide de ses membres antérieurs, une retraite profonde qu'il partage souvent avec ses congénères.

Il se nourrit d'Insectes et est le plus terrestre de nos Batraciens, car il ne va à l'eau qu'un instant pour y apporter ses œufs au moment de leur éclosion.

Les petits tubercules qui garnissent sa peau sécrètent un liquide blanchâtre, d'une odeur assez forte et qu'on a considéré comme un venin dont on a beaucoup exagéré les effets.

L'Alyte accoucheur est très commun en France, principalement aux environs de Paris.

Genre Pelobates (Wagl.), Pélobate

Ce genre se compose de Batraciens dont la tête est protégée par un bouclier osseux, couvert de petites aspérités ; les doigts, au nombre de quatre, sont complètement libres ; les orteils sont gros et réunis par une membrane épaisse.

Deux espèces représentent ce genre en France :

Pélobate brun (*Pelobates fuscus*. Wagl.).

Ce Pélobate a le crâne rugueux fortement renflé longitudinalement ; les éperons qui ornent ses pattes postérieures sont jaunâtres ; la peau est relativement lisse et fortement adhérente sur le dessus de la tête.

La longueur de ce Batracien est de 0 m. 52 à 0 m. 65. Le dessus du corps est jaune-brunâtre, marbré irrégulièrement de taches d'un brun très foncé qui donnent à la peau une physionomie particulière que Rœsel a comparée à une carte géographique coloriée sur laquelle on verrait les fleuves et les îles avec les côtes de nuance plus claire.

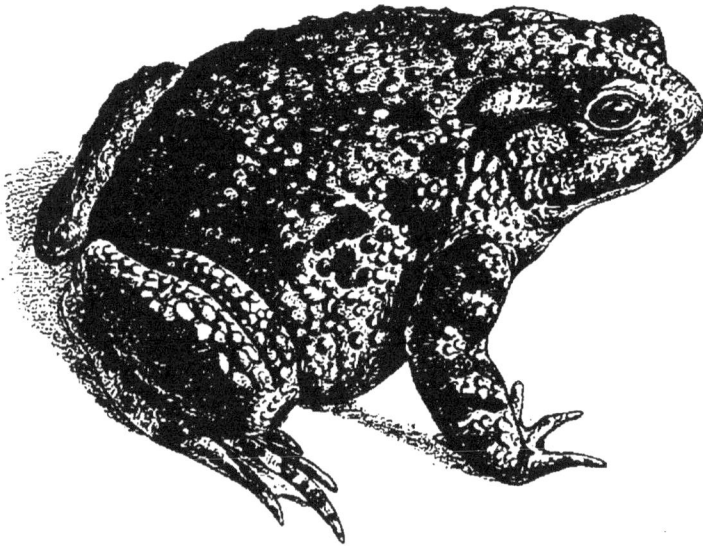

Pélobate brun.

Le Pélobate brun ne fréquente les eaux qu'au moment de la ponte, de mars en avril. La femelle pond des œufs disposés en deux cordons longs d'un mètre environ et qui se fixent sur les joncs, les roseaux et les autres plantes aquatiques. Le *têtard* offre une grande ressemblance avec celui du Pélobate cultripède.

« Les Pélobates sont des animaux essentiellement terrestres et fouisseurs; le jour ils se retirent dans les cavités qu'ils se creusent dans les berges et ne chassent que pendant la nuit. Lorsqu'il est à l'eau, le Pélobate brun a l'habitude de s'enfoncer dans la vase qu'il a soin de troubler, et comme il recherche avant tout les endroits des mares dont le fond est couvert de joncs, dont les berges sont excavées, il est fort difficile de le capturer; il nage, du reste, très rapidement. Lorsqu'il est à l'eau et que rien ne vient le troubler, le Pélobate brun fait entendre son chant monotone : les notes qui le composent sont basses et espacées; les mots *crôoc*, *crôoc*, prononcés lentement et de la gorge, imitent assez bien ce chant. » (Brehm.)

Le liquide sécrété par les glandes du Pélobate est un venin assez actif, sans danger pour l'homme, mais mortel pour de petits animaux, ainsi que l'ont démontré les expériences faites par E. Sauvage : ce venin inoculé à une souris la tue en 27 minutes, après avoir produit des efforts de vomissement, des tremblotements des muscles et des convulsions.

Cette espèce, rare dans le Midi, se rencontre dans les autres parties de la France; elle est assez commune aux environs de Paris, dans les mares situées sur la rive droite du canal, entre Pantin et Bondy.

Pélobate cultripède (*Pelobates cultripes.* Dum. et Bibr.).

Cette espèce se distingue de la précédente par sa tête plus large que longue, insérée courtement sur les épaules, par le dessus de la tête entièrement rugueux, par ses éperons de couleur noire, par la saillie de ses yeux énormes au-dessous du crâne.

La coloration de la face supérieure du corps est à peu près la même que celle du Pélobate roux : d'un brun rougeâtre avec les mêmes taches beaucoup plus foncées. Le dessous du corps est d'un blanc jaunâtre, piqueté de brun-roux, les mouchetures étant surtout nombreuses sous la gorge.

La ponte a lieu dans l'eau et les œufs sont disposés en cordons que l'on trouve, au printemps, dans les eaux stagnantes, parmi les herbes qui poussent près du bord.

Le *têtard* a le corps ovoïde, arrondi à ses deux extrémités; la queue est très large; la bouche, dont les lèvres se prolongent en avant en un tube large et écourté, est armée de deux mandibules cornées fort résistantes. La coloration sur les faces supérieures est jaune ou rousse, avec des reflets bleuâtres. Le ventre est gris blanchâtre avec des lignes irrégulières et des points nacrés.

Ce Pélobate a un chant qui offre quelque ressemblance avec le gloussement de la Poule et que l'on peut rendre par les syllabes *cô*, *cô*, *cô*, émises sur un ton plus bas et moins rapidement répétées que ne le fait la Grenouille agile.

« Cet Anoure habite les sables du littoral méditerranéen. Il se nourrit de Coléoptères, surtout des très nombreux représentants de la famille des *Mélasomes*. Il ne sort que la nuit et, comme il procède par sauts assez étendus, il se trahit lui-même par le bruit qu'il fait en heurtant les *Ephedia*, les *Eryngium maritimum* et autres plantes coriaces et résistantes. Repu et quand la fraîcheur se fait sentir, il enfle ses énormes poumons à larges vésicules, ferme, en faisant basculer ses os incisifs, les opercules à levier de ses narines, et de ses couteaux tranchants se creuse dans le sable fin et meuble de la dune une retraite assurée; car à mesure qu'il s'y enfonce à reculons, le sable retombe sur lui et le dérobe. A l'aube, on aperçoit encore sur le sol une faible dépression, indice accusateur seulement pour un œil exercé ; puis la brise de mer souffle, les troupeaux de petite race de *Bos longifrons* passent et repassent sur sa tête, et l'animal demeure enseveli tout le jour dans sa prison. » (A. de l'Isle.)

Le Pélobate cultripède habite surtout le Midi de la France : A. de l'Isle l'a trouvé à Carnou et à Palavas, sur le littoral de l'Hérault, ainsi qu'aux environs de Toulouse ; il habite aussi les Landes et la Gironde ; enfin, dans l'Ouest de la France, on le rencontre dans la Loire Inférieure, sur les dunes situées entre le Pouliguen et le bourg de Batz.

Genre Bombinator (Wagl.), Sonneur

Les animaux composant ce genre sont caractérisés par une langue à peu près circulaire, mince, non échancrée sur le bord postérieur et adhérente en arrière comme en avant, l'absence de vessie vocale, la pupille triangulaire, quatre doigts libres, les orteils réunis par une membrane, la mâchoire supérieure garnie de dents.

Ce genre, qui établit une transition naturelle entre les Raniformes (*Grenouilles*) et les Bufoniformes (*Crapauds*), ne comprend qu'une seule espèce :

Sonneur igné (*Bombinator igneus.* Laur.).

Ce Batracien a la tête petite, aplatie, convexe dans tous les sens, et dont la face supérieure se confond insensiblement avec les joues et le museau qui est

court, arrondi et légèrement aplati. La peau est exces-
sivement rugueuse et recouverte de pustules assez
grosses et arrondies, ce qui donne à cet animal l'apparence d'un Crapaud. Le corps, long d'environ 4 centimètres, est allongé, arrondi dans tous les sens; les
yeux sont saillants: la paupière est triangulaire et paraît comme une étroite ligne dorée.

Tout le dessus du corps est d'un brun terreux uniforme; le dessous est d'une belle couleur orangée qui

Sonneur igné.

a valu à ce petit Batracien le nom de Sonneur *igné* ou
couleur de feu. On remarque également sur le ventre des
taches irrégulières de forme et de nombre, d'un beau
bleu noirâtre, à partie centrale gris-bleuâtre. Le dessous des membres et des doigts est taché comme le
ventre; sur les flancs le bleu domine, pointillé de blanc
bleuâtre.

Les femelles déposent dans l'eau, d'avril en juillet,
des œufs qui sont relativement gros et réunis en une
douzaine de paquets, contenant chacun de 20 à 30 œufs.

Le *têtard* est très facile à reconnaître : son corps est ovale-arrondi, déprimé, un peu acuminé vers le museau ; le dessus du corps est gris roussâtre, le dessous d'un bleu cendré. La queue est courte et parsemée de points bruns.

Le sonneur igné a un chant assez faible et très doux, composé de deux notes émises l'une après l'autre et répétées sans interruption. Le mot *houhou* rend assez bien l'effet produit par ce chant.

Ce Batracien recherche les mares, les étangs, les fossés couverts de lentilles d'eau. « Il fréquente surtout les eaux stagnantes et croupissantes de peu d'étendue, se tenant généralement sur leurs bords, et s'y réfugiant au moment du danger, à moins qu'il ne se tapisse contre la vase, comptant sur sa livrée supérieurement obscure pour le dérober. Il nage fort bien, émergeant très peu, les yeux et les narines seuls élevés au-dessus de l'eau ; mais le peu de profondeur des eaux qu'il habite permettra de le prendre aisément à l'aide d'un petit troubleau, ou même à la main. D'ailleurs il est moins méfiant et moins agile que la Grenouille verte. » (Lataste.)

Les pustules qui recouvrent sa peau sécrètent un liquide dont les principes venimeux ne paraissent pas aussi actifs que ceux du venin des Crapauds.

Le Sonneur, d'après Fatio, serait doué d'un certain instinct : « Il rejette la tête en arrière, relevant les pattes postérieures et se fourrant les poings dans les yeux, comme pour ne pas voir le danger ; ainsi tordu, quelquefois sur le ventre, le plus souvent renversé sur le dos, il attend que le danger soit éloigné. »

Dans les mares qu'il habite il est souvent victime des attaques d'un petit Mollusque bivalve : la *Cyclas cornea*, qui s'attache à ses pattes et les mutile. La Cyclade ne lâche prise que lorsque la patte a été gangrenée et détruite par l'arrêt de la circulation et on trouve quelquefois des individus dont les membres portent les traces des cicatrices provenant de ces mutilations.

Le Sonneur se nourrit d'Insectes, de Vers et surtout de petits Mollusques. Il habite presque toute la France et est connu dans quelques départements sous le nom de *Crapaud pluvial*.

FAMILLE DES BUFONIFORMES

Les *Crapauds*, qui composent cette famille, sont des Batraciens essentiellement nocturnes, redoutant la lumière du jour et ne quittant leur retraite pour se mettre en quête de leur nourriture, soit à terre, soit dans l'eau, qu'à l'approche de la nuit.

Cette famille n'est représentée en France que par un seul genre :

Genre Bufo (Laur.), Crapaud

Ces animaux ont la langue allongée, elliptique, généralement un peu plus large en arrière qu'en avant, entière, libre postérieurement dans une certaine portion de son étendue, le palais dépourvu de dents, quatre doigts distincts, entièrement libres, cinq orteils plus ou moins palmés.

Les Crapauds se reconnaissent à leurs formes lourdes et trapues, aux glandes qui constituent deux amas de chaque côté du cou, à leur bouche largement fendue. Ces Batraciens inspirent la répulsion par leurs allures disgracieuses, par leur peau froide et visqueuse, par leur aspect repoussant ; ils sont cependant aussi utiles qu'inoffensifs et détruisent un grand nombre de petits insectes nuisibles.

Ils ont été les sujets de fables ridicules : nous ne parlerons pas des prétendues pluies de Crapauds qui n'ont jamais existé que dans l'imagination de ceux qui les ont inventées. On a aussi attribué à ces animaux une longévité surprenante :

« L'amour du merveilleux, dit Lataste, est allé jusqu'à prétendre qu'on en avait trouvé au milieu de roches anciennes, dans des cavités sans issue, et que, par suite, ces animaux, contemporains de la formation de ce rocher, étaient enfermés là depuis des milliers de siècles. Il n'y a pas lieu de s'arrêter à de pareils dires. Mais il est certain (des expériences nombreuses l'ont démontré) que les Crapauds et les Batraciens en général peuvent vivre fort longtemps séquestrés dans les corps poreux et humides. Dans l'état d'inaction forcée où ils se trouvent alors, leur vie, très peu active, fait une très petite consommation de substance, et l'air qui filtre à travers les pores de la pierre suffit à leur respiration peu exigeante ; mais il leur faut une certaine humidité, sans quoi ils se dessèchent et meurent rapidement. »

Une des causes principales de l'aversion de l'homme pour le Crapaud est la posture singulière que prend cet animal lorsqu'il est en danger : il voûte son dos, se soulève sur ses quatre membres en baissant le museau. Il ne faut pas voir dans cette attitude une menace, mais simplement une preuve d'instinct de conservation chez ce pauvre Batracien : il cherche à protéger ainsi sa tête en présentant son dos, qui est la partie de son corps la plus fournie en glandes et est, pour cette raison, la moins vulnérable ; il gonfle en même temps d'air ses poumons pour faire distendre sa peau et présente une surface ballonnée, sur laquelle résonnent les coups que lui porte son agresseur. L'aspect repoussant du Crapaud est une des causes de la guerre acharnée qui lui est faite et l'expose à subir mille tortures aussi cruelles qu'imméritées : les paysans le saisissent et l'empalent sur un échalas où il attend une mort lente et douloureuse ; les enfants, dans les campagnes, le placent sur l'extrémité d'une planchette formant bascule et, par un coup vigoureux appliqué à l'autre extrémité, le lancent dans l'espace : il retombe à plat ventre, les jambes tendues et *fait le mort* dans l'espoir de sauver sa vie.

Les Crapauds ont, au contraire, droit à notre protection pour la destruction énorme qu'ils font de tous les insectes nuisibles à l'agriculture ; ils se nourrissent, en effet, d'Araignées, de Cloportes, de Fourmis, de Hannetons et de Charençons ; nous avons donc intérêt à protéger et à conserver ces Batraciens.

Le genre Crapaud est représenté en France par deux espèces bien connues :

Crapaud commun (*Bufo vulgaris*. Dum. et Bibr.).

Cette espèce a la tête courte, large, nullement distincte du tronc ; le museau est très court et arrondi, la bouche largement fendue et sans dents, la langue elliptique, les yeux gros et proéminents, à paupière supérieure épaisse, à pupille horizontale, à iris sablé d'or. Le tronc est court, large, déprimé, arrondi quand les poumons sont gonflés d'air.

Chez le mâle toute la surface du corps est d'un roux olivâtre, pouvant passer au brun, au verdâtre et même au rougeâtre : chez la femelle, elle est marbrée de nom-

Crapaud commun.

breuses taches brunes, jaunes ou blanc sale. Le dessous du corps est d'un blanc jaunâtre, uniforme chez le mâle, légèrement marbré de taches d'un gris pâle chez la femelle.

Celle-ci pond dans l'eau des œufs disposés en deux cordons parallèles ; ces cordons, qui ont jusqu'à 3 mètres de longueur, sont enroulés en lourds écheveaux autour des racines submergées et des plantes aquatiques.

Le *tétard* est petit et atteint à peine 16 à 29 millimètres ; il a le corps ovalaire, sans ligne de démar-
cation entre la tête et le tronc. La queue est une fois
et demie plus longue que le corps. Ce têtard est d'un
noir très foncé en dessus, bleuâtre en dessous.

Le Crapaud commun ne fait entendre son chant qu'à
l'époque des amours : c'est un coassement plaintif qui
peut se traduire par les mots *crraa, crraa, queru* et qui
rappelle un peu l'aboiement du Chien.

« Le Crapaud ne sort guère que la nuit, si ce n'est
par la pluie et quand la température est douce. Il se
creuse quelquefois un trou prolongé horizontalement
sous le sol, à une petite profondeur ; mais, paresseux,
il préfère le plus souvent s'emparer de la galerie d'un
Mulot ou d'un Rat ; il se retire même, au besoin, sous
une pierre, sous une souche, sous un tas de décombres.
Il vit en philosophe dans sa retraite passant de longues
heures dans le recueillement. Quand la faim le presse
et que le temps lui paraît favorable, il en sort pour aller
à la chasse, marchant plutôt qu'il ne saute. Le Crapaud
s'établit dans les jardins, dans les champs, dans les
bois, partout où il trouve de l'ombre et de l'humidité.
Il vit d'Insectes, de Limaces, de Lombrics. On lui re-
proche de faire la guerre aux Abeilles et de se porter à
l'entrée des ruches pour happer ces travailleuses au
passage. » (Lataste.)

Nous avons dit que le Crapaud faisait une grande
destruction d'insectes pour sa nourriture : malgré son
air somnolent, il aperçoit très bien une proie qui se
trouve à sa portée, il avance alors doucement, ouvre sa

large bouche et avec une rapidité merveilleuse lance sa langue visqueuse et engloutit sa proie.

Le Crapaud commun est un des derniers Anoures à disparaître à l'approche du froid; il hiverne dans la vase, au fond des eaux, ou dans les trous de vieilles murailles, sous les décombres et dans les fumiers.

Cette espèce est très commune dans toute la France.

Crapaud calamite ou **des joncs** (*Bufo calamita*. Daud.).

Crapaud calamite.

Ce Batracien assez voisin du Crapaud est toujours de plus petite taille; sa coloration offre aussi des différences sensibles : une bande jaunâtre ou rougeâtre, tirant quelquefois sur le bleu, s'étend sur le milieu du dos qui est d'un vert jaunâtre, semé de taches brunes irrégulières et de petits points d'un rouge vif, placés généralement au milieu des taches brunes. Le dessous du corps est d'un jaune sale et parsemé de petites taches brunes irrégulièrement disposées. Le museau est arrondi transversalement et taillé à pic. La peau est criblée de pores sur le pourtour des lèvres, le museau et les joues, et partout ailleurs couverte d'aspérités. Le dos est parsemé de grosses verrues, la peau est granuleuse sur le ventre.

La femelle pond des œufs en deux cordons, comme ceux du Crapaud commun, mais, au lieu d'être disposés en série alterne, ils sont placés à la file les uns des autres.

Le *têtard* ressemble à celui de l'espèce précédente, mais il est d'une taille un peu plus grande ; le dos est d'un brun roussâtre foncé, finement chagriné et couvert çà et là de grosses granulations espacées.

Le Calamite a un chant composé de vibrations monotones qui ressemblent beaucoup au chant de l'Engoulevent ; son coassement *crau, crau, crreu*, s'entend de fort loin et trompe facilement l'observateur :

« Le soir, un chœur de Calamites se faisait entendre à distance. Ces animaux sont ventriloques : on les croit à 200 mètres lorsqu'ils sont à 1500. Je fus trompé, non sur la direction à suivre, mais sur la portée et le point de départ de leurs voix. Je les crus dans le lavoir du village voisin ; le village passé, plus loin dans une mare, près du ponceau de la route. Le pont franchi, ils chantaient, à n'en pas douter, dans un fossé que j'entrevoyais à distance ; mais de mare en mare, de fossé en fossé, j'arrivai, après une série d illusions et de désillusions. au bord d'un pré profondément encaissé entre le talus d'un chemin et des vignes. C'était là, dans la mince couche d'eau qui le couvrait par endroits, que se trouvaient disséminés ces animaux au nombre de plus d'un cent, faisant vibrer comme un clairon leur large vessie vocale et appelant d'une lieue à la ronde les femelles en état de frayer. » (A. de l'Isle.)

Ce Crapaud est nocturne et se tient de préférence dans les localités marécageuses, où il vit en compagnie de ses congénères par bandes de 30 à 100 individus. Il creuse le sol au moyen de ses pattes antérieures et s'enfouit dans le sable des dunes et dans les berges des étangs.

Lorsqu'il est attaqué et sur le point d'être saisi, il contracte sa peau de telle sorte que toutes les glandes se vident et qu'il se recouvre d'une humeur blanchâtre, mousseuse, répandant une odeur insupportable que Duméril a comparée à l'odeur qu'exhalent les pipes dont on a fait un long usage.

Le Calamite habite à peu près toutes les parties de la France; il est commun aux environs de Paris.

Le **Crapaud vert** (*Bufo viridis*. Laur.) offre une grande ressemblance avec le Calamite et a été confondu avec lui par beaucoup d'Herpétologistes. Cette confusion ne permet pas de préciser l'habitat de ce Batracien et son existence dans certaines parties de la France est contestée. Nous n'en donnons qu'une description succincte, afin de bien établir les différences qui existent entre ce Crapaud et le Calamite :

Cette espèce est très variable et diffère du Calamite par sa livrée à grand ramage, par sa taille un peu supérieure, par ses doigts palmés, par la coloration blanche du ventre, par sa démarche tout à fait différente :

« Chez le Calamite, les jambes sont trop courtes pour lui permettre de sauter; aussi a-t-il pour habitude de courir très vite en s'élevant sur ses quatre membres ; le Crapaud vert, un peu mieux favorisé par la longueur de ses membres pelviens, saute avec facilité ; il ne court presque jamais : c'est toujours par petits sauts répétés qu'il cherche à fuir. » (Héron-Royer.)

Il est également nocturne et creuse le sable pour se cacher pendant le jour. Il se nourrit de Vers, de petits Crustacés, de Mollusques, de Myriapodes et d'Insectes.

Duméril et Bibron, dans l'*Herpétologie générale*, ont confondu cette espèce avec le Calamite et cette erreur a été reproduite dans plusieurs faunes locales.

« Après de nombreuses recherches dans l'Ouest de la France, dit Lataste (1), je crois pouvoir affirmer que le Crapaud vert manque dans cette région, tandis que son congénère le Calamite y est communément répandu, car je n'ai jamais trouvé le premier dans la Gironde, ni aux environs de Paris, et j'ai pu me convaincre qu'il avait été signalé par erreur dans le Maine-et-Loire, la Vienne et la Charente-Inférieure. Vers le Nord les faunes locales de France et des pays voisins n'en font pas mention. Au Centre, les musées de Clermont-Ferrand et du Puy-en-Velay ne le contiennent pas, et de l'Est, où on m'avait affirmé son existence, on ne m'a envoyé sous ce nom que des Crapauds Calamites.

« Reste le Sud-Est de la France, c'est de ce côté que doivent porter les recherches. Si nous avons cette espèce, c'est d'Italie qu'elle nous vient, en tournant les Alpes et longeant la côte Méditerranéenne. Charvet

(1) *Bulletin de la Société d'étude des Sciences naturelles de Nimes*, octobre 1878.

l'indique dans l'Isère, Marcel de Serres dans l'Hérault, Crespon dans le Midi, mais ces catalogues comprennent d'autres erreurs de détermination et, pour être avérée, l'existence du Crapaud vert sur notre sol a besoin d'être confirmée par de nouvelles observations. »

Nous ne saurions donc trop recommander aux Herpétologistes de diriger spécialement leurs recherches en vue d'établir sûrement l'existence de ce Batracien en France et de savoir s'il doit être inscrit définitivement dans notre faune.

BATRACIENS URODÈLES

Ces animaux diffèrent des Anoures par des caractères essentiels : ils conservent une queue pendant toutes les périodes de leur existence ; c'est pour cette raison qu'on les a nommés *Urodèles* (à queue distincte) ; ils subissent des métamorphoses incomplètes et sont généralement aquatiques.

La forme de leur corps, qui ressemble à celui des Sauriens, a conduit les anciens naturalistes à réunir les Reptiles et les Batraciens dans une seule et même classe. Les Urodèles ont, cependant, une organisation particulière qui les distingue des Sauriens : s'ils ont, comme eux, un corps allongé, une tête distincte du tronc et sont pourvus, le plus ordinairement, de quatre membres, ils diffèrent des premiers par des caractères bien tranchés : leur corps allongé et le plus souvent arrondi est terminé par une queue longue, généralement

comprimée latéralement, qui persiste pendant toute
leur vie. Ils ont quatre paires de membres, courts et
éloignés les uns des autres, qui ne peuvent soutenir
l'animal et ne sont destinés qu'à faciliter sa progression
sur terre ou dans l'eau. Leur peau est nue, visqueuse et
dépourvue d'écailles. La tête est plus ou moins aplatie :
la bouche est armée de petites dents maxillaires et, la
plupart du temps, de dents palatines. La langue est
généralement courte, charnue, de forme variable.

Les Urodèles ne sont pas disposés pour le saut,
comme les Anoures; leur colonne vertébrale est longue
et composée de trente-neuf vertèbres chez la Salamandre terrestre. Le nombre des doigts est généralement de cinq.

Ces Batraciens pondent des œufs ou sont vivipares;
la ponte a lieu le plus souvent dans l'eau, quelquefois
sur le sol. Les têtards sont munis de branchies apparentes au dehors sur les côtés du cou où elles forment
des panaches divisés en lames frangées; ils subissent
des métamorphoses plus ou moins apparentes.

Les Urodèles sont doués de la faculté de reproduire
les membres ou les parties de leur corps qu'ils perdent
accidentellement; les expériences de Spallanzani ont
prouvé que toutes les parties de leur corps peuvent se
reproduire et qu'après ablation on peut constater non
seulement l'apparence du membre, mais le membre
dans son intégrité, avec sa peau, ses muscles, ses ten-
dons, ses nerfs, ses vaisseaux et ses os; une queue
coupée repousse complètement et devient en tout semblable à la queue primitive. Dans les membres amputés,
tous les os se reproduisent !

Les métamorphoses des Urodèles diffèrent complètement de celles des Anoures : les jeunes Anoures, à leur naissance, semblent composés exclusivement d'une grosse tête et d'une queue, ce qui leur a fait donner vulgairement le nom de *queues de poire;* les jeunes Urodèles, au contraire, ont des formes allongées qui rappellent celles des Poissons. Leur tête est surmontée de branchies ramifiées qui flottent de chaque côté en forme de panaches. Ces rameaux branchiaux persistent jusqu'au moment où les poumons viennent les remplacer. Ils se résorbent alors peu à peu, en même temps que les nageoires caudales et dorsales. Les pattes antérieures paraissent les premières et l'animal se trouve transformé insensiblement, ne conservant de son premier état qu'une cicatrice qui persiste encore quelque temps après la disparition des branchies.

Les Urodèles ont une peau qui sécrète, comme celle des Anoures, une humeur liquide et transparente, âcre ou astringente, plus ou moins venimeuse et dont on a beaucoup exagéré les effets. Cette sécrétion a donné naissance à des fables encore généralement admises :

« Plusieurs auteurs anciens, dit Fatio, se sont plu à raconter, et bien des gens le croient encore, que la Salamandre et le Triton ont également la propriété de pouvoir marcher dans le feu sans se brûler. Cette croyance populaire qui fait de ces Batraciens des êtres diaboliques et dangereux, repose sur une énorme exagération. Les Urodèles, en général, et surtout la Salamandre, sécrétent, en effet, abondamment un liquide visqueux qui peut leur permettre d'éviter pour un instant d'être brûlés par le contact de charbons incandescents. Enveloppés d'humidité et capables d'éteindre en partie les braises qui les touchent, ils réussiront peut-être à se tirer de cette affreuse position, s'ils ne sont pas soumis plus d'une ou deux secondes à l'expérience; mais ils périront grillés ou brûlés, aussi bien qu'un morceau de bois, s'ils ne sont pas sortis rapidement de ce mauvais pas avant que d'avoir épuisé leur sécrétion. »

Les Urodèles sont très voraces et consomment en grande quantité des Vers, des Mollusques, de petits Crustacés, des Araignées, des Myriapodes, des Insectes de toutes sortes et même des Anoures et de petits Poissons. Ils sont pour la plupart aquatiques, mais sur terre ils recherchent les endroits frais et obscurs et s'abritent dans des trous, sous l'écorce d'un arbre, sous la mousse ou sous les amas de pierres et de bois. Ils ne sont pas organisés pour fouir et se contentent de s'enterrer dans un sol meuble ou dans la vase en se poussant au moyen de leurs membres et en se frayant un passage avec leur museau.

Chez ces animaux la mue est très fréquente et se renouvelle plusieurs fois chaque année.

On admet généralement que les Urodèles n'ont pas de voix; cependant quelques Herpétologistes ont reconnu qu'ils font entendre dans certaines circonstances des sons distincts, et Fatio dit que quelques Tritons émettent un petit cri sec et guttural au moment où on les saisit ou lorsqu'ils sont tranquilles et retirés sous quelque abri.

L'engourdissement hivernal n'est pas très profond

chez ces animaux et, pendant l'hiver, ils profitent, pour prendre un peu d'exercice, des jours où la température est assez douce.

On divise les Urodèles en deux sous-ordres :

Les *Perennibranches*,

Les *Caducibranches*,

suivant qu'ils conservent pendant toute leur vie des branchies, ou qu'ils perdent, en passant à l'état parfait, ces organes de respiration aquatique.

Les Urodèles de France appartiennent tous au sous-ordre des *Caducibranches* et à une seule famille, celle des *Salamandridées*.

FAMILLE DES SALAMANDRIDÉES

Les Salamandridées, auxquelles Duméril et Bibron ont donné le nom d'*Atretodères*, ont pour caractères un corps généralement allongé, le cou bien distinct, la tête plus ou moins déprimée et ordinairement elliptique, la queue développée, conique et plus ou moins comprimée, deux paires de pattes presque égales, toujours plus développées chez les mâles que chez les femelles. La bouche est toujours moins fendue que celle des Anoures ; les dents sont situées sur le bord des mâchoires et, la plupart du temps, sur le palais ; ces dents ne sont destinées qu'à retenir des proies glissantes et non à diviser les aliments. La langue est grande, large, bien dégagée sur les côtés et en arrière chez les Salamandres, petite, elliptique et libre seulement sur les côtés chez les Tritons. La peau est lisse ou rugueuse suivant les espèces. La coloration varie beaucoup chez une même espèce, selon la saison, le séjour aquatique ou terrestre, ou la mue plus ou moins prochaine.

Ces animaux, qui sont inoffensifs, sont victimes de préjugés absurdes et redoutés des paysans qui, dans certaines parties de la France, les désignent sous le nom de *Scorpions*.

« On peut comparer, dit Lataste, pour l'habitat terrestre ou aquatique nos Salamandres aux Crapauds, nos Tritons aux Grenouilles et au Sonneur. C'est, en effet, le plus souvent à terre, dans les lieux sombres et humides, sous les pierres ou les racines d'arbres que l'on trouvera les premières; tandis que les seconds seront dans l'eau ou sur la terre, suivant les saisons. Les Urodèles vivent de proie vivante et peu agiles, du moins à terre, ils s'adressent surtout aux Vers, aux Mollusques. A l'eau, ils peuvent s'emparer d'insectes mieux doués sous le rapport du mouvement, mais ce sont toujours ceux-là qu'ils préfèrent. Très voraces, ces animaux dévorent fréquemment leur progéniture et se mangent même entre eux. »

Cette famille est représentée en France par deux genres : *Salamandra* et *Triton*.

Genre Salamandra (Laur.), Salamandre

Ces animaux ont le corps lourd, trapu, assez épais et terminé par une queue cylindrique, la tête large, déprimée, arrondie en avant, cinq doigts postérieurs dépourvus de palmures.

« Les Salamandres ne vont à l'eau que pour les besoins de leur reproduction et vivent d'ordinaire à terre, dans les localités ombreuses et humides, sous un abri ou dans des galeries souterraines. Craignant la lumière, la sècheresse et les ardeurs du soleil, elles ne se montrent guère au grand jour que lorsque la pluie a détrempé le sol ou que l'atmosphère est chargée d'humidité. » (Fatio.)

Ces Urodèles se nourrissent de Vers, de petits Mollusques et d'Insectes; ils sont très lents dans leurs mouvements.

Les femelles déposent, soit sur terre, soit sur l'eau, des petits vivants qui naissent sous la forme de larves ou d'individus parfaits.

Salamandre terrestre (*Salamandra maculosa* Laur.).

Salamandre terrestre.

Cette Salamandre a la tête forte, à peu près aussi longue que large et bien détachée du tronc, le museau large et plat, les membres trapus, les yeux assez gros, la queue d'une longueur moyenne. Au premier abord, elle ressemble à un Lézard dont la peau serait lisse et brillante sur le dos; mais cette peau est criblée de pores arrondis qui sécrètent, quand on irrite l'animal, un liquide visqueux et d'un blanc laiteux.

La coloration de la Salamandre terrestre est un noir profond et lustré sur le dos, avec des taches d'un jaune vif irrégulièrement distribuées et de formes très variables. Le dessous du corps est noir bleuâtre avec ou sans taches d'un jaune plus pâle que celui du dos. On remarque généralement une tache jaune à l'origine de chaque membre et une autre sur le poignet ou les doigts.

La femelle dépose ses petits dans des flaques d'eau, dans les fontaines, dans les réservoirs d'eau pluviale ou même dans les ornières des chemins. Les jeunes Salamandres ont le dessus de la tête, du corps et des membres gris roussâtre, avec des taches brunes irrégulières et de petits points bruns. Leurs branchies sont courtes, ramifiées et ressemblent à une houppe épaisse flottant derrière et sur les côtés de la tête.

« La Salamandre est un animal essentiellement terrestre qui ne va à l'eau qu'au moment de la ponte. Les endroits sombres et humides, les vallées encaissées ou les épaisses forêts sont les endroits où on la trouve de préférence; elle s'abrite pendant le jour entre les racines, au-dessous des pierres. Son peu d'activité dans le jour la dérobe habituellement aux regards, car elle se cache dans les vieilles carrières, à proximité des bois et dans les haies. Pendant la journée on ne rencontre cet animal qu'accidentellement, surtout par un temps doux et pluvieux. » (Brehm.)

Cette espèce, dont la longueur, du museau à l'extrémité de la queue, varie de 0 m. 15 à 0 m. 20, se nourrit d'Insectes, de Vers et de petits Mollusques; pendant l'hiver elle s'engourdit dans les carrières, dans les caves, dans les citernes des maisons de campagne.

« On a trouvé, dit Duméril, des Salamandres gelées au milieu de glaçons solides; leur corps était dur et inflexible; mais déposés avec soin dans la neige qu'on a fait fondre lentement, on s'est assuré que ces animaux pouvaient continuer de vivre; de sorte que c'est un fait curieux que ce même animal, cette Salamandre, qu'on avait supposé pouvoir continuer de vivre dans le feu, jouissait, au contraire, de la faculté de résister, plus que tout autre, aux effets de la congélation. »

La Salamandre terrestre est très commune dans toute la France.

Salamandre noire (*Salamandra atra*. Laur.).

Cette espèce diffère de la précédente par sa taille plus petite, son corps plus effilé, ses formes un peu moins lourdes. Ainsi que son nom l'indique, sa coloration est entièrement noire; sa peau lisse et luisante est souvent un peu granuleuse sous la gorge. Sa longueur totale est de 0 m. 045 à 0 m. 050.

Cette Salamandre se plaît dans les régions élevées et on la trouve en Europe jusqu'à 10,000 pieds d'altitude.

La femelle ne met au monde que deux petits à la fois; ils sont déposés sur le sol libres et toujours dépourvus d'enveloppes particulières.

« Cette espèce recherche l'ombre et la fraîcheur dans les bois et les prairies alpestres. Elle établit, sous les racines ou dans le sol, des galeries souvent assez longues et complexes et dont l'ouverture est généralement dissimulée sous une pierre ou sous quelque tronc renversé. Elle vit d'ordinaire par paires et souvent en famille avec ses petits pendant les deux premières années de l'existence de ceux-ci. Sa nourriture consiste principalement en Vers, Mollusques, petits Crustacés, Arachnides, Insectes de diverses sortes et Myriapodes. Il est rare de voir promener les Salamandres noires en plein jour lorsqu'il fait beau, tandis qu'on les rencontre souvent en grand nombre sur les gazons et les chemins de la montagne, lorsque le temps est menaçant ou que le sol a été peu avant détrempé. Elles cherchent à éviter l'éclat et la chaleur du jour et ne sortent guère pour se mettre en chasse qu'à la tombée de la nuit. » (Fatio.)

La Salamandre noire n'habite en France que les régions alpestres, principalement la Savoie.

Genre Triton (Laur.), Triton

Les Batraciens composant ce genre ont la langue charnue, papilleuse, arrondie ou ovale, libre seulement sur les bords; les dents palatines forment deux séries longitudinales rapprochées et presque parallèles; le corps est allongé, lisse ou verruqueux, le crâne plus long et moins déprimé que celui des Salamandres, dont les Tritons diffèrent également par la forme du cou qui paraît moins rétréci, quoique bien distinct, par leurs membres comparativement plus grêles et plus allongés. La queue est grande et disposée en forme de palette; c'est à l'aide de cette sorte de rame et au moyen d'ondulations latérales du corps que ces animaux nagent et plongent avec une grande agilité. Ils vivent dans l'eau une grande partie de l'année et c'est alors qu'ils revêtent leurs plus brillantes couleurs; si on les réduit en captivité, ils deviennent ternes et d'une coloration uniforme.

Les femelles déposent leurs œufs, soit isolés, soit réunis en petites grappes, sur les plantes aquatiques ou sur des feuilles submergées.

Les Tritons vivent dans les eaux claires, tranquilles et peu profondes dont le fond est tapissé d'une végétation qui leur sert de retraite. Pendant l'été, ils sortent de l'eau pour chercher à proximité un abri sous des pierres ou des racines. Ils se nourrissent de Vers, de petits Mollusques, d'Insectes et sont d'une telle voracité qu'ils dévorent leur progéniture et se mangent même entre eux.

« C'est un spectacle intéressant, dit Lataste, de voir un Triton dans un bocal s'approcher lentement d'un Lombric qu'on vient de lui jeter. Il ne perd de vue aucun de ses mouvements. Tout à coup il fond sur lui comme un trait et le saisit, le plus souvent par un bout, entre ses mâchoires. Le ver a beau se débattre, il est retenu par les dents aiguës de son vainqueur et, entraîné par de nombreux et pénibles mouvements de déglutition, il disparaît peu à peu dans la gueule et l'estomac de celui-ci. Jamais l'Urodèle ne se sert de ses mains pour redresser une proie mal saisie, ainsi que le font la plupart des Batraciens Anoures. Ou il l'avale quand même, à grands efforts, ou il la lâche pour mieux la reprendre. »

La mue de ces animaux est très fréquente, du moins

pendant le séjour aquatique et a lieu à intervalles inégaux.

« Avant que la mue commence la peau devient sombre et terne ; lorsque le moment est venu pour lui de se dépouiller de son épiderme, l'animal cherche, à l'aide de ses pattes antérieures, à pratiquer une ouverture dans la peau vers le niveau de la mâchoire ; il détache alors la peau de la tête, se contracte latéralement, tantôt à droite, tantôt à gauche, s'agite fréquemment et sort la tête hors de l'eau, peut-être dans le but d'introduire de l'air sous la peau déjà détachée ; par des inflexions du corps et grâce à l'intervention des pattes antérieures, la bête détache lentement l'épiderme, puis une fois la partie antérieure du tronc libre, il saisit la peau avec sa bouche et se dépouille alors complètement de son ancien vêtement. La mue ne demande parfois pas plus d'une heure à s'opérer ; d'autres fois, au contraire, il faut plusieurs heures pour qu'elle ait lieu. Il arrive parfois qu'un animal aide un autre à se débarrasser et avale l'épiderme qu'il rejette non digéré. Lorsque la mue a lieu normalement, elle ressemble à une toile d'une extrême finesse qui moule tous les contours de l'animal ; seuls les yeux ont laissé deux trous. » (Brehm.)

Les Tritons n'ont généralement pas de voix ; cependant, lorsqu'on les saisit, ils émettent un cri rauque et de courte durée. Chez ces animaux les mâles sont munis, suivant les espèces et les époques, de crêtes dorsales de formes variées ou de plis longitudinaux.

Ce genre est représenté en France par plusieurs espèces :

Triton à crête (*Triton cristatus*. Laur.).

Ce Triton a la tête aplatie, beaucoup plus longue que large, le museau arrondi en avant et plus ou moins déprimé, le tronc allongé, la queue lancéolée, haute et comprimée.

Chez le mâle le dos est orné d'une crête membraneuse, élevée et profondément entaillée en dents de scie, qui prend naissance entre les yeux, va en augmentant de hauteur jusque vers la partie moyenne du

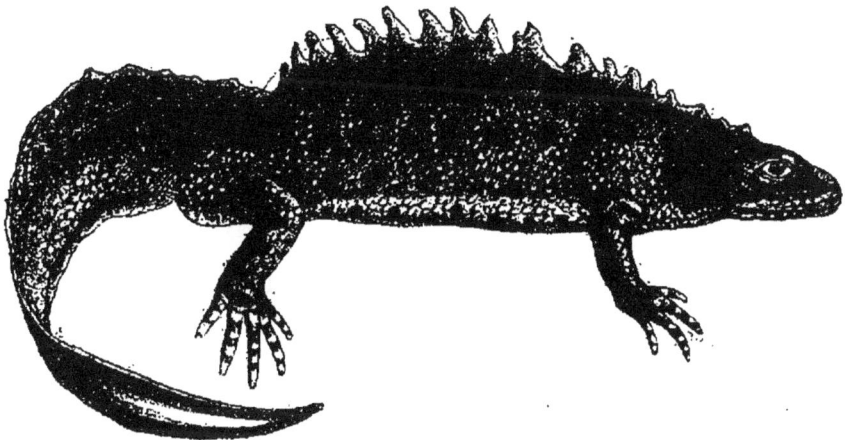

Triton à crête.

dos pour s'abaisser ensuite du côté de l'origine de la queue.

La peau est ridée, plus ou moins granuleuse, couverte de petits pores qui laissent suinter un liquide d'une odeur désagréable, comme celui de la Salamandre terrestre.

Le dessus du corps est d'un brun noirâtre plus ou moins foncé ; les flancs sont parsemés de petites granulations blanches. Le ventre est d'un jaune orangé chez les mâles, d'un jaune citron chez les femelles, avec des marbrures noires ou bleuâtres.

On trouve aux environs de Paris une variété qui se tient surtout dans les mares et les ruisseaux où l'eau est peu courante. Les mâles sont grisâtres, ornés de tâches arrondies d'un brun foncé ou d'un bleu violacé, semées régulièrement sur toute la longueur des flancs et de la queue.

Les femelles déposent leurs œufs par petits groupes sur les feuilles des végétaux aquatiques. Lorsque les jeunes ont terminé leurs métamorphoses, ils abandonnent les eaux pour aller mener, le plus souvent pendant deux ans au moins, la vie d'une Salamandre. (Fatio.)

Le Triton à crête, atteint une longueur de 0 m.12 à 0 m. 13; il recherche les eaux dormantes, les mares croupissantes et se nourrit de Vers, de petits Mollusques et d'Insectes. On le trouve. dans une partie de la France, mais dans l'Ouest il ne descend guère au-dessous de la Loire-Inférieure.

Triton marbré (*Triton marmoratus*. Lat.).

Cette espèce avait été nommée par Lesson *Salamandre élégante*; c'est, en effet, le plus beau de nos Tritons. Sa tête se détache nettement du cou, le museau est légèrement busqué, déprimé, large et arrondi, la bouche peu fendue, le tronc rétréci au cou et à l'épaule, s'élargit rapidement; la queue est fortement comprimée, terminée en dessus et en dessous par une mince membrane quand l'animal séjourne dans l'eau et par un tranchant arrondi en tout autre temps.

La peau, sur le dessus du corps et sur les flancs, est rugueuse et semée de petits tubercules rudes, quoique arrondis et à sommet lisse, le dessous du corps est entièrement lisse.

Sur le dos des mâles, à l'époque de l'accouplement, une mince membrane de 5 à 6 millimètres de hauteur, formant une crête sinueuse et comme plissée, s'étend de la nuque à la queue. La coloration est d'un beau vert vif en dessus ; les flancs et les côtés de la queue sont ornés d'une bande formée de larges taches brunes, moins foncées au centre que sur le pourtour. Le vert

Triton marbré.

du dos et de la queue est finement piqueté de brun ; la crête dorsale du mâle est remplacée chez la femelle par une ligne orangée très nette et dessinée en creux. Chez le mâle dans tous ses atours, des lignes irrégulières et interrompues d'un blanc argenté parcourent les joues et le bas des flancs. Le ventre est d'un rouge vineux semé de petits points blancs et de mouchetures noires.

La femelle dépose, comme l'espèce précédente, ses œufs isolés ou réunis en petits paquets dans des feuilles repliées ou sur des branches immergées. Le Têtard a le dessus du corps gris roussâtre assez clair, avec de petites taches d'un brun foncé; les branchies sont rouges.

Ce Triton, dont la longueur totale est de 0 m. 075 à 0 m. 078, vit d'Insectes, de Limaces, de Vers et sort généralement la nuit; il hiverne de préférence sur terre.

« C'est surtout au mois de mars qu'on le rencontre dans les fontaines, les fossés et les réservoirs d'eau pluviale, paré de sa plus brillante livrée. Un petit nombre retourne à l'eau à l'automne; mais durant tout le reste de l'année, on le trouve souvent en compagnie de la Salamandre tachetée dans les lieux humides et obscurs, dans les décombres, sous les pierres et les vieilles souches. Ils vont souvent par paires, deux jeunes et deux adultes ensemble. » (Lataste.)

Cette espèce habite toute la France, mais surtout la partie méridionale.

Triton de Blasius (*Triton Blasii*. A. de l'Isle.)

Ce triton, qui a été décrit en 1862 par A. de l'Isle, est intermédiaire entre les Tritons à crête et marbré et n'est peut-être qu'un hybride entre ces deux espèces. Il a le corps grand et robuste, la tête assez allongée, le museau arrondi, la peau couverte de tubercules serrés et saillants sur le dos et les flancs. La crête dorsale du mâle est decoupée, d'un brun clair, et bordée d'un mince liseré noir, orné de taches oblongues noirâtres. Le dessous du corps est orangé, couvert de taches noires arrondies et nettement tranchées.

Cette espèce recherche les eaux dormantes, les étangs, les mares, les fossés où la femelle dépose ses œufs sur les feuilles de la Renoncule aquatique. Sa nourriture consiste en Insectes et en petits Mollusques, surtout des Cyclades.

Le Triton de Blasius n'a encore été trouvé que dans une partie de la Bretagne, principalement aux environs de Nantes.

Triton alpestre (*Triton alpestris*. Laur.).

Dans cette espèce, la tête est presque aussi large que longue, le museau arrondi et légèrement busqué, la queue lancéolée, bien comprimée et graduellement acuminée. La peau est ridée, plus ou moins lisse ou

Triton alpestre.

granuleuse, suivant l'habitat aquatique ou terrestre. La coloration est très variable : le corps est généralement gris, ardoisé, bleuâtre ou noirâtre, avec ou sans marbrures plus foncées. Les flancs sont ornés de deux ou trois séries de gros points noirs qui se divisent souvent sur la queue en bandes transversales; deux lignes noires s'étendent de l'extrémité du museau à la partie postérieure de l'œil.

A l'époque des amours le mâle est orné d'une bande d'un bleu d'azur bordée d'une ligne de couleur aurore qui part de la tête et se prolonge jusqu'à l'extrémité de la queue; le ventre est rouge vif et pointillé de petites taches noires. La crête est jaune et régulièrement marquée de bandes verticales noires.

La femelle pond des œufs d'une couleur grisâtre et les dépose par petits groupes sur les végétaux aquatiques ou sur des débris flottants. Le Têtard, à sa naissance, est d'une coloration brune, avec deux bandes dorsales sombres; dès qu'il a terminé ses métamorphoses, il quitte l'eau pour chercher un habitat terrestre.

Ce Triton, qui atteint jusqu'à 0 m. 10 de long, recherche les lieux humides et sombres où il s'abrite dans les trous, sous les pierres et même sous l'écorce des arbres pourris. Il vit, comme les autres espèces, d'Insectes, de Vers et de petits Mollusques. On le trouve dans le Centre et le Nord de la France.

Triton lobé ou **vulgaire** (*Triton lobatus*. Otth.). Ce Triton a la tête allongée, le museau comprimé graduellement depuis les yeux et tronqué en avant, les yeux peu saillants, très distants ou tout à fait latéraux, le tronc assez court, une queue haute, bien comprimée dans la seconde moitié au moins et d'une longueur égale, en moyenne, à celle du corps, y compris la tête. Sa peau est lisse durant la vie aquatique, légèrement granuleuse après un séjour sur terre.

Le mâle, dans la saison des amours, a la surface du corps tantôt d'un gris-jaunâtre ou bronzé, olivâtre ou blonde, tantôt brunâtre ou presque noire; le ventre est jaune pâle safrané, parfois rougeâtre, avec de grandes taches noires arrondies, régulièrement distribuées. Une crête dorsale, large, membraneuse, découpée en festons et comme dentelée, se continue sans interruption depuis l'occiput, jusque sur la queue. Sur la tête, assez généralement d'un jaune doré, s'étend une tache noire longitudinale à laquelle viennent se joindre deux lignes de même couleur, naissant en arrière des yeux et convergeant en forme de V entre les narines; une autre bande noire, commençant à l'angle des maxillaires, traverse l'œil et vient rejoindre le museau.

La femelle est brune en dessus et porte deux lignes longitudinales plus foncées; le ventre est jaunâtre à reflets dorés, avec quelques petites taches noires plus

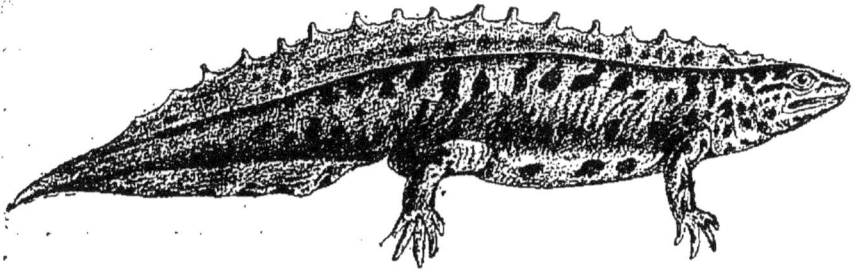

Triton vulgaire.

ou moins apparentes et une bande médiane étroite orangée ou rougeâtre.

Cette espèce varie tellement dans sa coloration et dans ses proportions, non seulement avec l'âge, le sexe et les saisons, mais encore suivant les conditions d'existence, que des individus examinés dans ces diverses circonstances ont été considérés comme appartenant à des espèces distinctes et décrits comme tels sous des noms particuliers :

Triton vulgaris. (Flem.)

Triton punctatus. (Dum. et Bibr.)

Triton parisinus. (Laur.)

Triton palustris. (Laur.)

Triton tæniatus. (Leydig.)

Le Triton lobé, dont la longueur totale est de
0m. 075 à 0 m. 090, se nourrit de Vers, d'Insectes, de
Mollusques et de petits Crustacés.

« Cette espèce s'accouple dans les fossés, les étangs
et les marais, quelquefois dans les eaux troubles, le
plus souvent dans les eaux claires. Les œufs sont
déposés, par petits groupes, sur des végétaux aquatiques ou des débris flottants, ou quelquefois simplement abandonnés libres au fond du liquide. Les larves
terminent leurs métamorphoses quatre mois environ
après la ponte, généralement dans le courant du mois
d'août. Les petits quittent les eaux de suite après leur
transformation et vont vivre dans les endroits ombreux
et humides, sous les pierres, dans la mousse ou sous
l'écorce des arbres malades, jusqu'à ce qu'ils soient
capables de reproduction, pendant deux ans au moins.
Beaucoup d'adultes se retirent sur terre vers le milieu
ou, suivant les circonstances, seulement vers la fin de
la belle saison et se rencontrent alors dans les mêmes
conditions que les jeunes; quelques autres demeurent
toute l'année dans les eaux ou s'en éloignent peu. Plusieurs des premiers, les femelles surtout, hiverneront
sur le sol dans quelque trou; la majorité des seconds,
les mâles principalement, passeront l'hiver dans la
vase au fond des mares. » (Fatio.)

Ce Triton habite toute la France, à l'exception du
Midi.

Triton palmé ou **helvétique** (*Triton palma-
tus*. Schneid.).

Cette espèce, facile à reconnaître à sa petite taille
(6 à 7 centimètres), a la tête relativement plus forte

que chez l'espèce précédente, un peu plus longue que large, le museau très obtus, tronqué en avant au ras des narines, les yeux peu saillants, l'iris doré traversé horizontalement par une bande noire, la langue très petite, la queue très comprimée et entourée, durant le séjour dans l'eau, d'une membrane plus visible en dessus qu'en dessous, quoique toujours très peu élevée ; la peau est lisse, finement chagrinée et légèrement ridée de haut en bas sur les flancs.

Le mâle, dans la saison des amours, a la tête et le dos d'un brun olivâtre ; les joues et les côtés de la

Triton palmé.

queue passent au jaune métallique brillant ; le ventre est d'un blanc éclatant sur les côtés et d'un jaune orangé sur la partie médiane. Une crête foncée surmonte le dos, qui est parsemé, ainsi que les flancs, de taches nombreuses et irrégulières. Sur les côtés de la queue s'étendent deux bandes longitudinales brunes, séparées par d'autres bandes bleuâtres. Les membres postérieurs sont palmés en patte d'oie dans toute leur longueur. Chez la femelle le milieu du dos est déprimé et d'une coloration orangée ; les pieds ne sont pas palmés.

Cette espèce, comme le *Triton lobatus*, est très variable : à terre le mâle ressemble complètement à la femelle; son corps est jaune roussâtre avec quelques fines mouchetures noirâtres; une ligne brune s'étend sur les joues et sur les épaules; le ventre est jaune paille avec une légère bande de couleur orangée.

La femelle pond ses œufs par un, deux, trois ou au plus quatre dans des feuilles de plantes aquatiques, sur des débris flottants, ou encore par petits cordons interrompus qui tombent au fond de l'eau.

Ce Triton vit aussi bien dans les eaux claires que dans celles des ruisseaux, des fontaines ou des fossés. Toutes les eaux courantes ou croupissantes en fourmillent au printemps. Il quitte souvent les eaux dans le courant de l'été et se retire sous des amas de pierres ou de détritus; il se nourrit d'Insectes et de petits Mollusques et devient fréquemment la proie de nombreux animaux : Batraciens, Reptiles, Poissons.

Le Triton palmé est très répandu en France; il est très commun aux environs de Paris.

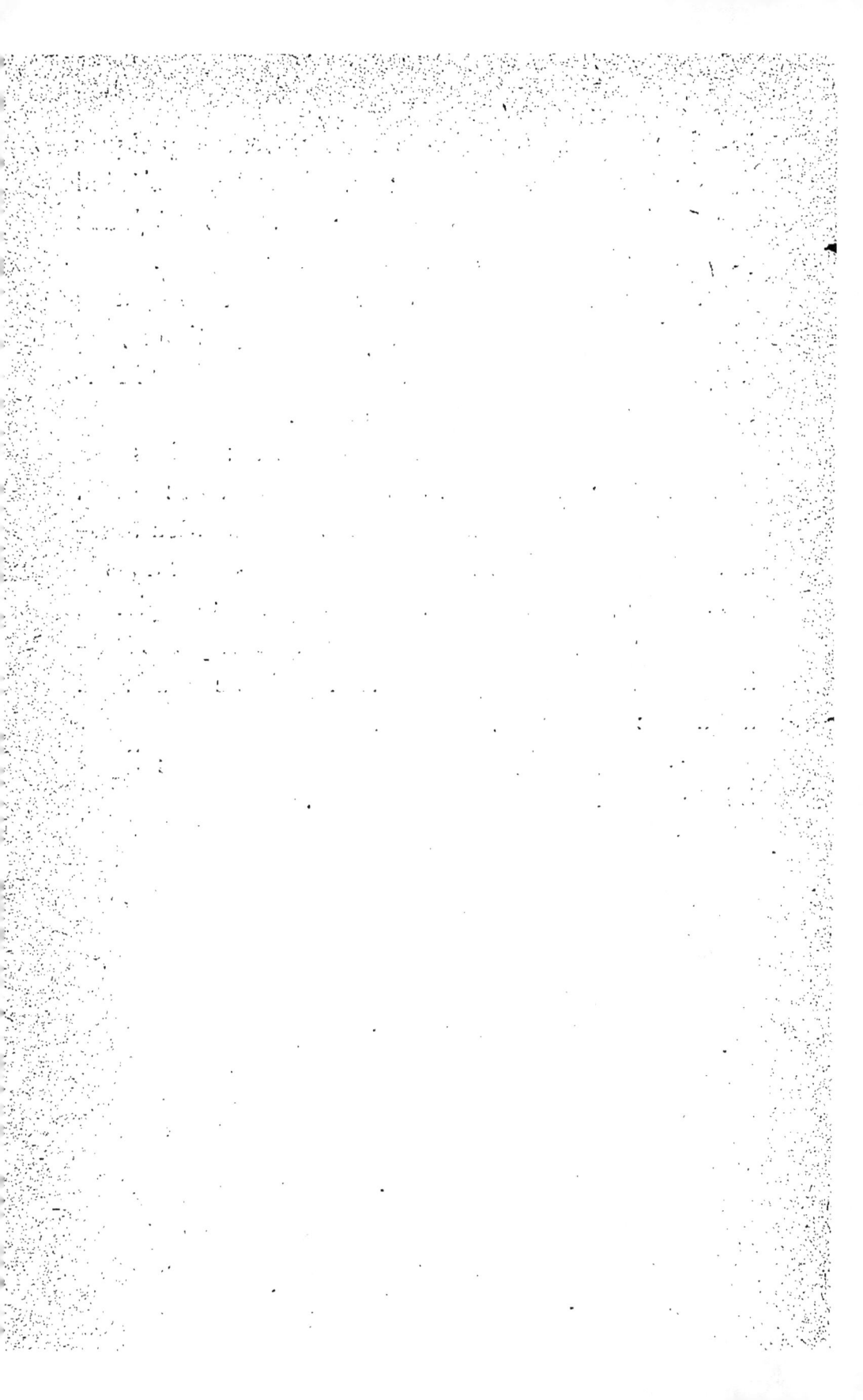

TABLE GÉNÉRALE

TABLE ALPHABÉTIQUE

FIN DE LA TABLE ALPHABÉTIQUE

PARIS. — IMPRIMERIE F. LEVÉ, RUE CASSETTE, 17.